Die Methode 2

Noch effizienter und erfolgreicher im Empfehlungsmarketing arbeiten

Todd Burrier

Titel der amerikanischen Originalausgabe: „The Process 2 - Tips for working the Process for maximum efficiency and results"

Aus dem Englischen von Ingo Fechner

Verlag: Ingo Fechner Verlag, Lindenstr. 22, 79194 Gundelfingen

Umschlaggestaltung: Claudia Fechner

2. Auflage Oktober 2015, Printed in EU

Bildnachweis: Titelbild – © Dudarev Mikhail – fotolia.com

Hinweis

Die in diesem Buch beschriebenen Prinzipien haben bereits vielen Menschen zum Erfolg verholfen, dennoch können weder der Autor, noch der Verlag dafür garantieren. Erfolg ist immer auch individuell und hängt von vielen Faktoren ab. Eine Haftung, gleich welcher Art und welchen Umfanges, die aus diesen Inhalten abgeleitet werden könnte, wird ausdrücklich ausgeschlossen.

Das Buch ist in deutscher und englischer Sprache erhältlich.

www.balance-tools.de

www.toddburrier.de

ISBN 978-3-9814128-2-6

Inhaltsverzeichnis

Anmerkungen vom Autor

In meinem vorigen Buch “Die Methode” habe ich erläutert, wie man auf einfache Weise ein dauerhaftes Einkommen mit dem großartigen Geschäftsmodell Empfehlungsmarketing aufbauen kann. Ich habe alle einzelnen Schritte beschrieben, so dass Du erkennst, dass Du dies auch wirklich *selbst* umsetzen kannst.

Die Überzeugung, dass man ***selbst*** *etwas tun* ***kann****, ist Voraussetzung dafür, es auch wirklich zu tun.*

Ich habe dies vor vielen Jahren selbst erfahren müssen. Wann immer ich tief in meinem Inneren glaubte, etwas nicht tun zu können, war das Scheitern vorprogrammiert. Deswegen scheiterte ich während vieler Jahre sehr häufig. Nicht deshalb, weil ich nicht in der Lage gewesen wäre, diese und jene Dinge zu tun, sondern weil ich schon mit der Erwartung startete, dass ich es bestimmt *nicht* schaffen würde.

Und im Leben bekommen wir oft, was wir erwarten. Alles Wertvolle, was wir im Leben bekommen können, verlangt eigenes Wachstum; man muss sich anpassen und weiter entwickeln und manchmal auch durch schwierige Zeiten gehen. Was mühelos passiert, schätzt man oft nicht wert.

Das trifft in allen Bereichen zu – vom Geschäftlichen, über Gesundheit, Beziehungen zu jeglicher Aktivität, die wir wichtig finden. Der Grund, warum ich oft scheiterte, war aus meiner jetzigen Perspektive betrachtet, eindeutig: Da ich ja erwartete zu scheitern, sah ich bei auftauchenden Schwierigkeiten den Beweis, dass es nicht funktionieren würde und schmiss das Projekt hin. Dadurch wurde meine Erwartung bestätigt. Nicht weil das, was ich tat, in der äußeren Welt nicht möglich gewesen wäre, sondern weil es in meinem Kopf noch nicht möglich war!

Ich musste zunächst meine begrenzenden Glaubenssätze ablegen, bevor ich verstehen konnte, dass Erfolg nicht schwer sein muss. Ich musste einfach nur an mich selbst glauben, auf die richtige Art und Weise arbeiten und niemals aufgeben. Das ist auch die Essenz der „Methode".

Genauso wie ich, verfügst auch Du über Alles, was Du brauchst, um großartige Dinge im Leben und in Deinem Empfehlungsmarketinggeschäft zu erreichen. Vertraue einfach der Methode (die für viele so gut funktioniert), glaube an Dich selbst und gib niemals auf. Ich habe das erste Buch mit den Worten geschlossen, dass Du vielleicht denken wirst „Ist das schon alles?", worauf ich hinzufügte „Einerseits ja, ... und auch ein kleines bisschen nein".

Während das Arbeiten mit der „Methode" leicht zu lernen ist, geht es im Weiteren natürlich darum, die Dinge *täglich* zu tun und dies so *effizient* wie möglich. Das Ziel dieses Buches ist es, Dir dabei zu helfen, Deine verfügbare Zeit bestmöglich einzuteilen, und ich möchte Dir Tipps geben, wie Du effizient arbeitest, so dass Du weiterhin auch in allen anderen wichtigen Lebensbereichen aktiv sein kannst.

Die meisten Kapitel dieses Buches sind voneinander unabhängige Themen und Konzepte, so dass Du Dir diejenigen heraussuchen kannst, die gerade für Dich am wichtigsten sind. Wie alle Dinge, die ich lehre und weitergebe, ist nichts in diesem Buch bloße Theorie. Alles, was ich Dir nahebringen möchte, basiert auf Erfahrungen, die sich in der Praxis bewährt haben. Wenn Du diese Konzepte auch anwendest, wird es einen spürbaren Unterschied für Dich machen.

Es würde mich sehr freuen, wenn Du eines Tages an der Spitze Deiner Träume ankommst und mein Buch dazu einen kleinen Beitrag leisten konnte.

Ich wünsche Dir für Deinen Weg Gottes Segen

TODD BURRIER

Prolog

Glaube an Dich

Als ich vor langer Zeit im Empfehlungsmarketing anfing, wurde ich geradezu mit *Meinungen* darüber überhäuft, und zwar von den Menschen, die mir am meisten bedeuten: Meine Freunde und meine Familie. Ich wünschte, ich könnte Dir jetzt erzählen, dass sie mich ermuntert hätten, es auszuprobieren; und mir das Beste für meinen Erfolg gewünscht und mich gefragt hätten, ob sie mir irgendwie helfen könnten, meine Ziele zu erreichen. Aber so war es nicht. Sie haben mir vorgeworfen, wie ich nur so dumm sein könnte, eine solche Art von Geschäft aufbauen zu wollen. „Das funktioniert doch sowieso nicht." „Du verschwendest Deine Zeit." „Du hast eine so gute Ausbildung und machst dann so etwas?" „Das ist doch kein echtes Geschäft!" Und ich musste mir noch viele andere Dinge anhören, die nicht gerade sehr motivierend waren. Da ich nicht gerade mit sehr viel Selbstbewusstsein gesegnet war, war das eigentlich das Letzte, was ich hätte brauchen können.

Aber ich stellte mich selbst vor die Wahl:

Ich konnte daran glauben, was die anderen sagen, oder ich konnte daran glauben, was ich sagte.

Ich habe mich für mich entschieden, und der Rest ist Geschichte, wie man so schön sagt. Das Resultat meiner damaligen Entscheidung ist, dass ich heute einen Lebensstil habe, der sehr verschieden ist von jenen, deren Meinungen ich ausgesetzt war.

Viele Menschen werden Dir erzählen, dass Du dies nicht tun kannst und dass es nicht funktionieren wird. Einige davon meinen es sogar gut. Du bedeutest ihnen etwas und sie wollen nicht, dass Du Deine Zeit verschwendest. Aber die Wahrheit ist, dass sie ignorant sind. Sie kennen es nicht und deshalb verstehen sie es auch nicht. Wenn Menschen etwas nicht verstehen, fühlt es sich für sie komisch oder unangenehm an. Aber anstatt, dass sie sich die Zeit nehmen, um es selbst ausreichend zu untersuchen, bevor sie eine Meinung kundtun, geben sie einfach ihren Senf dazu, basierend auf Null Wissen. Das bedeutet für Dich, dass deren Meinung auch den Wert Null hat.

Anderen wiederum bist Du so, wie Du jetzt bist, in Deiner jetzigen Lebenssituation am liebsten und deshalb sind deren entmutigende Kommentare dazu gedacht, Dich „auf dem Boden der Tatsachen" zu halten, dort, wo der andere Dich gerne sieht („Schuster, bleib bei deinem Leisten"). Der wohlgemeinte Rat meint es also eher gut mit dem „Ratgeber" als mit Dir. Werden diese Personen für Deine Zukunft sorgen? Wohl eher nicht, jeder ist doch auf sein eigenes Leben fokussiert.

Wiederum andere haben grundsätzlich eine pessimistische, ängstliche Lebenseinstellung. Die Einstellung, dass es möglich sein soll, im Leben tun, haben und sein zu können, was man möchte, ist keine Idee, mit der sie sich anfreunden können. Deshalb können sie auch nicht Dein Bestreben nach einer besseren Lebensqualität verstehen, denn sie haben sich mit einem Leben in Durchschnittlichkeit und Frustrationen abgefunden.

Die Welt des Empfehlungsmarketing ist ein Mysterium für jene, die sich damit nicht genauer auseinandergesetzt haben. Sie können nicht verstehen, dass es dabei möglich ist zu wählen, sich (nur) mit positiven, hilfsbereiten Menschen, die einen auch mal ermuntern, zu umgeben. Sie können ebenfalls nicht verstehen, dass man damit die volle Kontrolle über die eigene Zeit(einteilung) hat und dadurch am Leben aller einem wichtigen Personen aktiv teilhaben kann.

Es ist ihnen auch nicht bewusst, dass man selbst entscheiden kann, wie viel Geld man haben möchte und basierend auf einer einfachen Methode dieses Einkommen aufbauen kann.

Am wenigsten verstehen sie das Konzept eines passiven Einkommens, wobei das Einkommen monatlich weiterfließt, egal ob man in diesem Monat viel arbeitet oder nicht. Selbstverständlich braucht dies eine Zeit des Aufbaus, aber bei kontinuierlicher Arbeit kommt man letztlich in diese Situation. Während Du also fleißig dabei bist, wirst Du zwangsläufig mit negativen Meinungen anderer konfrontiert. Wie schon erwähnt: Du kannst diesen Menschen glauben oder Dir selbst. Glaube an Dich!

Alles dreht sich ums Sponsern und Betreuen

Die Methode ist eine einfache systematische Vorgehensweise, die dazu führt, dass man sponsert (Kunden/ Partner gewinnt). Wenn Du jemanden gesponsert hast, ist der nächste Schritt, diese Person gut zu betreuen. Das ist die Essenz dieses Geschäfts. Diese zwei grundlegenden Aktivitäten führen zum Aufbau eines großen erfolgreichen Business (sofern das Dein Ziel ist).

Das System ist so angelegt, dass Du unmittelbar Kunden findest und natürlich auch langfristig. Je mehr Du mit dieser Methode arbeitest – mit den richtigen Verhaltensregeln – desto mehr Menschen wirst Du sponsern. Das Großartige dabei ist, wenn Du nett und natürlich bist, dann geht es einfach.

Sobald Du eine Person gewonnen hast, hast Du Dir selbst bewiesen, dass Du es kannst. Diese Aktivität musst Du nun oft genug wiederholen.

Betreuen von Kunden und Partnern bewirkt zwei wichtige Dinge für den geschäftlichen Erfolg:

- Bestärkung dabeizubleiben und
- Multiplikation

Gute Kundenbetreuung bringt loyale Kunden für das ganze Leben. Das ist ein Schlüsselfaktor für dauerhaften und langfristigen Erfolg. Natürlich wirst Du niemals jeden einzelnen Kunden halten können, denn Menschen treffen Entscheidungen, die auf vielen Faktoren beruhen. Einige davon kannst Du beeinflussen, andere nicht. Solange Du aber eine gute Betreuung bietest, wird die Quote derjenigen, die dabei bleiben, so hoch wie möglich sein.

Multiplikation entsteht durch Betreuung derjenigen, die Du sponserst und die selbst ein Einkommen damit aufbauen möchten. Je besser Du das machst, desto wahrscheinlicher ist es, dass diese selbst effektiv mit der Methode arbeiten können und ihre eigene Basis von Kunden und Weiterempfehlern aufbauen. Dies wiederum führt dazu, dass Dein Geschäft wächst, ohne dass Du *direkt* dafür verantwortlich bist und Du kommst in den Genuss der „Kraft der Hebelwirkung".

Ein ernsthaftes auf langfristigen dauerhaften Erfolg angelegtes Geschäft erfordert Einsatz in beiden dieser angesprochenen Bereiche. Das Ermutigende dabei ist, dass Du, mit dem Herz am richtigen Fleck und Hingabe, schon alles hast, um dies zu bewerkstelligen.

Zeitplanung & Effizienz

Zeiteinteilung

Oft bekommt man zu hören, wenn jemand nicht aktiv ist, dass er “keine Zeit hat”. Das stimmt aber nicht. Passender wäre zu sagen, er „nutzt seine Zeit nicht effizient“ oder er „hat sich entschieden, anderes zu tun“.

Es gibt keinen Zeitmangel. Jeder hat die gleichen 24 Stunden am Tag. Wir alle haben all die Zeit, die wir brauchen, um die uns wichtigen Dinge zu tun. Die Wahl der Aktivitäten und unsere Planung bestimmen, wie wir unsere Zeit verwenden. Ich werde Dir in diesem Buch einige Ideen zur Zeiteinteilung nahebringen, aber der Teil der Entscheidung muss aus Deinem Inneren kommen, je nachdem, was Du am meisten wertschätzt. Ein einfacher Einstieg, um herauszufinden, wie viel Zeit Du hast, ist Dir bewusst zu machen, wie viel davon *frei verfügbar* ist. Die Woche hat 168 Stunden. Dies ist nicht Deine frei verfügbare Zeit, denn z.B. fast jeder hat einen Job (vor allem, wenn man gerade im Empfehlungsmarketing startet) und schlafen muss man auch.

Wie viel Zeit nimmt also Dein Job in Anspruch, und wie viel Schlaf brauchst Du, um gesund und produktiv sein zu können? Nehmen wir an, Du arbeitest 40 Stunden in der

Woche und brauchst 8 Stunden Schlaf in der Nacht (d.h. Du schläfst 56 Stunden pro Woche). Zusammengefasst heißt das, dass bereits 96 Stunden in der Woche nicht frei verfügbar sind. Übrig bleiben 72 Stunden. Dies ist die Zeit, wo Du entscheidest, wie Du sie verbringst.

Natürlich gibt es weitere Bereiche, in denen Du Aufgaben hast: Menschen (Familie), die Deine Zeit und Aufmerksamkeit brauchen und natürlich grundlegende Dinge wie Körperpflege und Essen. Trotzdem hast Du in dieser Zeit gewisse Wahlmöglichkeiten.

Der Schlüssel zum Aufbau eines erfolgreichen Business ist es, regelmäßige feste Zeiten dafür festzulegen. Ein gutes Minimum läge bei 10 Stunden pro Woche. Kannst Du auch ein Geschäft mit 5 Stunden pro Woche aufbauen? Ja, aber 10 Stunden ermöglichen eine wirklich bessere Ausgangsposition. Du siehst, es ist genug Zeit vorhanden. Du musst einfach einen Teil davon als Empfehlungsmarketinggeschäftaufbauzeit ☺ definieren.

Die gute Nachricht ist, dass es durch die moderne Informationstechnologie nie einfacher war, seine Zeit so effektiv zu nutzen. Email, soziale Netzwerke, SMS und Handys ermöglichen Dir, effektiv von überall und zu jeder Zeit arbeiten zu können. Das A und O ist, Zeit für den Geschäftsaufbau im Vorfeld festzulegen.

„Teilzeit" heißt nicht „Wenn mal Zeit übrig ist"

Das Wunderbare am Empfehlungsmarketing ist, dass Du – wie Du möchtest und wann Du möchtest – damit arbeiten kannst. Das Konzept erlaubt es, dass *Du* das Tempo bestimmen kannst. Viele andere Homebusiness-Konzepte ermöglichen das nicht. Oft gibt es Quoten, die man erfüllen muss, was Druck erzeugt, so dass es nicht möglich ist, es in der Freizeit nebenbei aufzubauen.

Abgesehen davon haben die meisten Menschen nicht das Gefühl, viel Freizeit zu haben. Das Leben ist schon gut gefüllt: Es gibt Verpflichtungen in der Familie und im Haus(halt), persönliche Interessen und Engagement in der Gemeinde und im Beruf. Ich kenne nur wenige Menschen, die allein durch gelegentliche Sponser-Aktivitäten (wenn gerade mal Zeit übrig war) ein beachtliches Einkommen aufgebaut haben. In der Regel dauert es auf diese Weise viel länger. Sofern Du nicht die Erwartung hast, dass daraus ein großes Geschäft werden soll, ist es okay, so heranzugehen.

„Teilzeit" ist deshalb die bessere Entscheidung. Das bedeutet, dass Du Dein Empfehlungsmarketinggeschäft so behandelst, wie einen zusätzlichen Job und nicht wie etwas, dass Du tust, wenn gerade nichts anderes ansteht. Bestimme deshalb eine konkrete Anzahl von Stunden pro Woche (10 wären optimal) und sieh es als einen Job an, bei dem Du für Dich selbst arbeitest. Dann füge diese Stunden in Deinen Terminkalender ein und lasse keine anderen Dinge dazwischenkommen. Wenn Du wirklich einen Zweitjob hättest, müsstest Du dies genauso einplanen (und das ohne solch ein großartiges Potential auf längere Sicht). Du würdest also zu den vorgesehenen Arbeitszeiten hingehen. Du würdest Deine Entscheidung, zur Arbeit zu gehen, nicht davon abhängig machen, ob Du Lust hast oder nicht, oder ob es andere Sachen gäbe, die Du gerade lieber tätest.

Vermutlich musst Du dafür einige Dinge für eine bestimmte Zeit aufgeben. Als ich im Empfehlungsmarketing begonnen habe, habe ich überlegt, welche meiner damaligen Aktivitäten mich am wenigsten weiterbrachten im Bezug auf meine Wünsche und Ziele. Fernsehen gehörte auf jeden Fall dazu. Ich änderte daraufhin meine Fernsehgewohnheiten. Für viele Menschen würde dadurch bereits genug freie Zeit zur Verfügung stehen. Plane Deine Zeit und halte Dich auch daran. Wenn Du für jemand anderen arbeitest, tust Du es für Geld und für die Ziele von jemand anderem. Dein Empfehlungsmarketinggeschäft baust Du für Dich und Deine Träume auf. Sollte es dann nicht sogar eine höhere Priorität haben, als für die Träume von anderen zu arbeiten?

Mir hat folgende Einstellung geholfen: Ich liebe es, fischen zu gehen, aber das braucht viel Zeit. In der Anfangszeit meines Geschäftsaufbaus war ich deshalb nur sehr selten fischen. Ich habe diese Freizeitbeschäftigung für eine gewisse Zeit geopfert, aber auf lange Sicht konnte ich so durch das entstehende passive Einkommen jederzeit fischen, und während ich nun fische, verdiene ich sogar weiterhin Geld!

Welche Dinge bist Du bereit für eine begrenzte Zeit zu opfern, damit Du sie auf lange Sicht noch viel häufiger genießen kannst?

Planung

Gute Planung ist das A und O, um beim Geschäftsaufbau in Teilzeit gut voranzukommen. Ich selbst richte mich nach dem Ausspruch:

„Wenn Du keinen Plan hast, hat jemand anderes einen für Dich."

Wenn Dein Leben zeitlich bereits gut ausgefüllt ist und Du auch mit anderen Menschen verbunden bist, gibt es ständig Dinge, die Deine Aufmerksamkeit und Deine Zeit erfordern. Wenn Du keinen Plan hast, läuft es darauf hinaus, dass Du alles für alle anderen machst, aber nur wenig für Dich selbst.

Planung im Allgemeinen ist ein sehr umfassendes Thema. Ich möchte hier deshalb nur die Dinge besprechen, die wichtig sind, um Dein Business effektiv aufzubauen. Als ersten Schritt benötigst Du einen Terminkalender, so dass Du alle Termine festhalten kannst. Eine gute Daumenregel ist: „Beginne nie einen Tag ohne Plan". Allein diese Tagesplanungen werden einen großen Unterschied in Deiner Produktivität in allen Lebensbereichen bewirken. Ich war für einen großen Teil meines Lebens wenig diszipliniert. Begonnen mit einer täglichen Zeitplanung, wurde ich viel produktiver und fokussierter. Zuerst wurde ich gut in der Planung und schließlich auch in der täglichen Umsetzung meiner Pläne. Disziplin im Kleinen ist bereits ein bedeutender Erfolgsschlüssel in jeglichen Bereichen. Plane Deinen Tag entweder am Abend zuvor oder als erste

Aktivität am Morgen. Egal welchen Weg Du wählst, mache es regelmäßig und lasse es so zur Gewohnheit werden.

Für mich ist es auf die folgende Weise am effektivsten: Ich schreibe täglich aus allen Lebensbereichen alles, was zu tun ist, auf (Familie, Gesundheit, Business usw.). Dazu kommen geplante Verabredungen in meinem Kalender. Als ich noch Teilzeit im Empfehlungsmarketing arbeitete, habe ich meine Arbeitszeit im Hauptberuf, als auch für mein neues Business gleichermaßen geplant. Dadurch war alles klar festgelegt und es kam mir auch nichts anderes dazwischen. Wenn mich z.B. dann jemand fragte, ob ich dies oder jenes für ihn tun könnte, konnte ich klar sagen „Nein, in dieser Zeit arbeite ich für mein Geschäft.“ So müsste man es sowieso handhaben, wenn man wirklich zwei Jobs hätte, wobei man beide Male „Zeit gegen Geld“ tauscht ohne wachsenden Mehrwert. Im Empfehlungsmarketing hingegen steckt mehr Potential, und es kann so groß werden, wie man es möchte. Ja ja, ich weiß, das habe ich oben bereits erwähnt, aber ich wollte es noch mal wiederholen, damit Du Dir bewusst wirst, wie wichtig diese Einstellung ist.

Ein weiterer Aspekt ist, dass Deine Zeitplanung auch Deiner Familie und Deinen Freunden zeigt, wie wichtig Dir Dein Geschäft ist. Das hat auch eine Auswirkung darauf, wie sie Dein Unternehmen wahrnehmen, und sie bringen Dir vielleicht sogar neue Partner, denn in dem Maße, wie Dein Umfeld Deine Ernsthaftigkeit realisiert, steigt auch deren Interesse, etwas darüber erfahren zu wollen. Das Wunderbare am Empfehlungsmarketing ist, dass Du überall, wo Du bist, darüber sprechen kannst und auch solltest. Aber

Du solltest eben auch Zeiten einplanen, in denen Du täglich gezielt daran arbeitest. Plane Deine Arbeit und arbeite dann nach Plan.

Dein eigener Bereich

Du brauchst zu Hause einen definierten Bereich, der „Dein Büro“ ist. Wenn Du einen Raum hast, den Du als Arbeitszimmer nutzen kannst, ist es ideal, ansonsten sollte es ein abgetrennter bestimmter Bereich sein. Als ich damals begann, war „mein Büro“ ein Schreibtisch in einer Ecke unseres Esszimmers. Als wir nach zunehmendem Erfolg umzogen, war mein Büro ein halbes Zimmer, welches an das Esszimmer grenzte. Als ich noch etwas erfolgreicher wurde, zogen wir nochmal in ein größeres Haus und dann hatte ich ein eigenes Arbeitszimmer. Und schließlich zogen wir mit wachsendem Erfolg nochmal in ein größeres Haus, wo ich jetzt ein wirklich schönes Bürozimmer habe.

Was ich sagen möchte: Du brauchst einen Bereich, wo Du „bei der Arbeit bist“. Psychologisch ist dies wichtig. Wenn Du an diesem Platz bist, bedeutet dies, dass Du arbeitest. Du brauchst Deinen Computer, Dein Telefon, Deine Kontaktordner und andere benötigte Tools in Reichweite. Wenn Du einen Zweitjob hättest, würdest Du auch zu einem solchen Arbeitsplatz gehen. Sieh Dein Geschäft auf die gleiche Weise. Lass jeden im Haus wissen, dass Du, wenn Du dort arbeitest, nicht gestört werden möchtest. Gehe an diesen Platz, bis Du mit Deiner geplanten Arbeit fertig bist. Du solltest Dich an diesem Platz mit Dingen umgeben, die Dir ein gutes Gefühl geben und Dich motivieren, wie z.B. Fotos, inspirierende Zitate (ein Methode-Baumposter ☺), Deine Ziele und ähnliches.

Das Kontaktordner-System

In diesem Geschäft dreht sich alles um Beziehungen und Informationen. „Die Methode“ ist eine fortlaufende Unterhaltung und beinhaltet alle Schritte, um Kunden und Partner zu finden. Wenn Du zum ersten Mal mit jemandem in Kontakt trittst, ist es wichtig, alle Gespräche zurückverfolgen zu können, mit allen Informationen, die man daraus erhalten hat. Das einfache System, dass ich Dir hier vorstellen möchte, habe ich zuerst durch Gabi Steiner kennengelernt, eine der erfolgreichsten Führungskräfte im Empfehlungsmarketing. Das System ist brillant in seiner Einfachheit und sehr effizient. Man braucht für das Kontaktordner-System 4 Ordner. Ich finde es am besten, diese Ordner sowohl in physischer Form, als auch virtuell (in Deinem Email-Programm) zu erstellen.

Die 4 Ordner sind:

- Neue Kontakte
- Noch nicht
- Partner
- Inaktive

Beschrifte die 4 Ordner auf diese Weise und lege genug Papier bereit. Nun möchte ich Dir zeigen, wie man damit arbeitet.

Die Kontaktordner

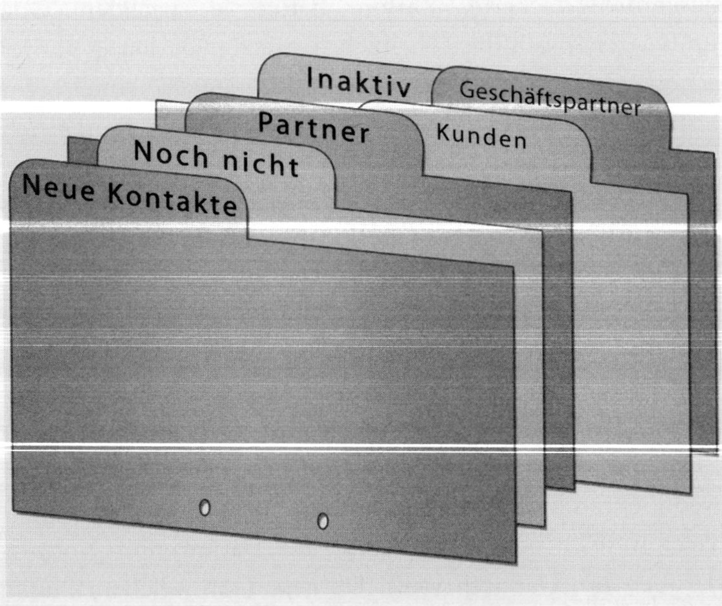

Neue Kontakte

Dieser Ordner enthält Deine gesamte Namensliste. In der Liste sollten Name, Telefon, Email, Adresse (falls bekannt) enthalten sein. Wenn Du jemanden das erste Mal kontaktiert hast, lege Dir eine separate DIN A4-Seite für diesen Kontakt an. In der Vergangenheit habe ich dafür Karteikarten benutzt. Dabei war der Platz jedoch begrenzt und es hat oft dazu geführt, dass ich für einen Kontakt mehrere zusammengetackerte Karten hatte, je nachdem wie umfangreich sich das Gespräch fortsetzte. Da Du ja vorher schon weißt, dass das Gespräch niemals endet (ein Schlüsselaspekt der „Methode"), macht es mehr Sinn, gleich mit einem größeren Blatt zu starten.

Dieses Kontaktblatt bleibt solange in dem „Neue Kontakte"-Ordner, bis eine erste Entscheidung getroffen wird. Liste jegliche Informationen auf diesem Kontaktblatt auf: Alles was mit Familie, Job, Interessen zu tun hat und was mit Interesse an Deinen Produkten und den Bedürfnissen dieser Person zu tun hat. Das hilft Dir zu entscheiden, welche „Tür" Du dieser Person als erstes öffnen möchtest. Immer wenn Du mit demjenigen kommunizierst, ob per Email, Telefon oder persönlich, halte das Datum und Notizen darüber fest. Dadurch weißt Du genau, an welchem Punkt im Prozess derjenige steht. Es ermöglicht Dir auch, besser an das letzte Gespräch anknüpfen zu können. Wenn jemand zum Beispiel im letzten Gespräch ein Fußballspiel seines Kindes erwähnt hat, dann kannst Du diese Person bei nächsten Mal fragen, wie es war. Dadurch baut sich schnell wieder eine Verbindung auf. Schreibe Dir natürlich auch auf, welche Infos Du demjenigen schon gegeben hast, damit Du weißt, was Du als Nächstes geben kannst, und schreibe auch auf, wann Du das tun möchtest.

Dieses Kundenblatt bleibt solange im „Neue Kontakte"-Ordner bis derjenige seine erste Entscheidung trifft. An diesem Punkt ordnest Du das Blatt in den betreffenden Ordner ein: Kunde, Partner oder „Noch nicht".

Noch nicht

Wenn ein Interessent zum ersten Mal klar „nein" sagt, ordnest Du ihn in den „Noch nicht"-Ordner ein. Da wir in einer netten, respektvollen Weise arbeiten, so dass der andere sich wohl dabei fühlt, steht dadurch die Tür auch weiterhin offen. Im Buch „Die Methode" haben wir gelernt, dass wenn jemand „nein" sagt, wir z.B. fragen können „Ist es in Ordnung, wenn ich mich mal wieder melde?". Für die meisten ist das okay, denn sie wissen, dass Du sie niemals unter Druck setzen wirst.

Der Bedarf ist groß für das, was wir anzubieten haben. Fast jeder, mit dem Du jemals sprichst, wird zu irgendeinem Zeitpunkt seinen eigenen Bedarf daran erkennen. Deshalb solltest Du ein „nein" wie folgt interpretieren:

1. es ist nicht der richtige Zeitpunkt für diejenigen, Dein Kunde oder Partner zu werden, aber das kann sich ändern,

2. sie glauben nicht, dass Du es mit Deinem Geschäft wirklich ernst meinst und müssen Dich dafür erst eine zeitlang beobachten,

3. sie selbst sind gerade nicht auf der Suche nach Problemlösungen,

4. sie haben nicht verstanden, dass Dein Angebot ihnen helfen kann,

5. sie glauben nicht, dass Dein Angebot ein konkretes Bedürfnis decken kann,

6. sie zögern, aktiv zu werden aufgrund negativer Erfahrungen aus der Vergangenheit.

*Es ist **nicht** Deine Aufgabe, sie zu überzeugen, dass Sie Dein Angebot annehmen sollen. Bemühungen, überzeugen zu wollen, werden **immer** als Druck wahrgenommen!*

Es ist besser, diese Personen einfach in den „Noch nicht“-Ordner zu stecken und sie zu einem späteren Zeitpunkt wieder zu kontaktieren. Es gibt so viele Menschen, die bereit sind, jetzt aktiv zu werden und jede Energie, die Du für jemanden aufwendest, der „noch nicht“ gesagt hat, kannst Du besser einsetzen, indem Du neue Personen kontaktierst oder solche, die noch im Entscheidungsprozess sind, nachkontaktierst.

Viele Deiner zukünftigen Partner werden zunächst in diesem Ordner landen, und später schließlich mit der richtigen Nachbetreuung „ja“ sagen. Für einige wird es beim nächsten Kontakt sein, bei anderen wiederum ist es beim zehnten Kontakt. Im Allgemeinen ist es gut einen „Noch nicht"-Partner alle 6 Monate zu kontaktieren, aber wie ich später noch ausführe, kann es auch zu anderen Zeitpunkten sinnvoll sein.

Partner

Jeder, der Dein Kunde wird, kommt in den "Partner"-Ordner. Dadurch entsteht zwischen euch eine neue Art von Beziehung, wobei es Deine Aufgabe ist, diesen Kunden bestmöglich zu unterstützen. Er hat „ja" zu Deinem Angebot gesagt (Kunde oder Partner zu werden), und wie ich bereits im ersten Buch ausgeführt habe, sehe ich dies nicht als „(Verkaufs-)Abschluss", sondern die (Geschäfts-)Beziehung wird dadurch erst auf die nächste Stufe gehoben. Mit diesen Personen wirst Du am häufigsten in Kontakt sein und regelmäßig Informationen weitergeben. Die Art und Häufigkeit der weitergegebenen Informationen wird jedoch unterschiedlich sein. Dafür sollte dieser Ordner in zwei Unterordner aufgeteilt werden.

Kunden-Unterordner

Die Kommunikation mit den Kunden ist ein wichtiger Teil guter Betreuung. Es ist jedoch ein schmaler Grat zwischen zu viel und zu wenig Kommunikation. Jeder, der zur Zeit Deine

Produkte benutzt, sollte in diesem Ordner sein. Diese Kunden sollten regelmäßig verschiedene Infos bekommen. Dein Ziel dabei sollte sein, dass Du einen Mehrwert für den Kunden durch Deine Betreuung schaffst, so dass dieser diese Art von Produkten nur bei Dir bestellen möchte. Dazu solltest Du auch Infos zu anderen interessanten Themen weiterleiten, nicht nur direkt über die Produkte.

Wenn Du nur Produktinfos sendest, empfindet es der andere so, dass Du ihm ständig mehr und neue Dinge verkaufen möchtest. Deshalb solltest Du ihm auch allgemeine Infos senden, die hilfreich sein können und die seinen Interessen entsprechen. Ich sende gerne inspirierende Geschichten, Anregungen zur Persönlichkeitsentwicklung, Artikel über Themen, die den anderen interessieren und Artikel über Gesundheit und Fitness. Gelegentlich sende ich auch einen Erfahrungsbericht und auch mal eine neue Produktinfo.

Geschäftspartner-Unterordner

Mit den Geschäftspartnern wirst Du am häufigsten in Kontakt sein. Jegliche Information, die mit dem Geschäft zu tun hat, sollte so schnell wie möglich an diese Personen weitergeleitet werden. Alle Infos, die Du Deinen Kunden sendest, sollten natürlich auch an diese Gruppe gehen, denn sie sind ja selbst Kunde und haben selbst Kunden. Dadurch haben Deine Partner genügend Infos zur Auswahl, die sie selbst weitersenden können. Der Unterschied zwischen diesem Ordner und dem Kundenordner ist, dass die Infos, die das Geschäft betreffen, *nicht* an die Kunden gehen sollten, aber umgekehrt alle Kundeninfos auch an die Geschäftspartner. Die effektivste Methode ist, zunächst die Infos per Email zu senden und dann nochmal nachzutelefonieren. Wichtige Informationen sollten immer auf beiden Wegen kommuniziert werden, IMMER auch zeitnah durch einen Telefonanruf.

Nicht (mehr) aktiv

In jedem Business überall auf der Welt gibt es eine gewisse Fluktuation. Egal wie gut Dein Produkt oder wie einfach Dein Geschäft ist, wird es immer Menschen geben, die aufhören, es zu benutzen oder aktiv mitzuarbeiten. Wenn Du das Geschäft auf die richtige Weise und mit gutem Service aufbaust, wirst Du die bestmögliche Kundenbindungsquote erreichen, aber natürlich nie 100%. Dieser Ordner ist für alle, die aufgehört haben zu bestellen und/oder mitzuarbeiten.

Das Gute daran ist, dass es leichter ist, einen ehemaligen Kunden oder Partner wieder zu gewinnen, als einen neuen zu sponsern, sofern Du denjenigen zuvor grundsätzlich gut betreut hast. Auch deshalb ist die „Methode“ so effektiv, da wir freundlich, ehrlich und respektvoll sind und niemals Druck ausüben. Dadurch steht die Tür weiterhin offen, auch wenn jemand aufgehört hat. Oft stoppt jemand aus Gründen, die mit dem Produkt oder dem Geschäft gar nichts zu tun haben! Die Lebenssituation mag sich plötzlich ändern und derjenige ist nicht mehr dabei. Wenn wir uns nach einer gewissen Zeit wieder melden, haben wir oft die Möglichkeit, denjenigen wieder zu gewinnen. Ich habe dadurch im Laufe der Zeit schon viele Kunden und Partner „zurückgesponsert", bei Dir wird es genauso sein.

Die richtigen Prioritäten setzen

Da Deine Zeit für den Geschäftsaufbau begrenzt ist, ist es grundlegend wichtig, dass Du Dich auf die wichtigsten Dinge konzentrierst. Als erstes solltest Du deshalb neue Kontakte machen. Wenn Du in Teilzeit aufbaust, sollten es drei am Tag sein. Wenn Du mehr Zeit einsetzen kannst, sollten es fünf oder zehn oder mehr neue Kontakte am Tag sein. Es ist vielleicht verführerisch, zuerst bei denen, die schon in Deiner Informations-Pipeline sind, nachhaken zu wollen, denn Du machst Dir Gedanken, wer jetzt davon Dein Kunde oder Partner werden könnte. Doch warte mit dem Nachkontaktieren, bis Du Deine neuen Kontakte gemacht hast.

Durch neue Kontakte entstehen neue Möglichkeiten, und Du bist bei Deinen Nachbetreuungs-Telefonaten in einer besseren Energie. Je mehr Personen in Deiner Info-Pipeline sind, desto weniger bist Du auf einen einzelnen und dessen Entscheidung fokussiert. Dies zu beachten ist grundlegend, damit jeder Interessent in seiner eigenen Geschwindigkeit vorangehen kann. Wenn wir versuchen, denjenigen in unserer gewünschten Geschwindigkeit weiterzubewegen, hieße das, dass wir Druck ausüben. Aber mit Druck arbeiten wir ja nicht. Wenn hundert Personen in Deiner Info-Pipeline sind, ist es leichter, loszulassen und sich nicht an einzelne zu klammern. Je mehr Personen Du kontaktierst, desto mehr Personen sind in Deiner Pipeline, und desto mehr Spaß wirst Du haben. Beginne also mit neuen Kontakten.

Danach solltest Du nachfassen (Follow up). Eine Ausnahme wäre, wenn einige Deiner Kunden Fragen haben oder ein Geschäftspartner Deine Unterstützung braucht, einen neuen Interessenten zu informieren. Das wäre dann wichtiger als Follow up, denn es geht um Personen, die schon dabei sind und Deine Hilfe benötigen. Die andere Ausnahme wäre, wenn ein Interessent Dich zurückgerufen hat, weil er mehr Infos möchte oder weil er starten möchte. Diese Person würdest Du natürlich zuerst kontaktieren, aber grundsätzlich gilt die folgende Reihenfolge:

1. Neue Kontakte machen
2. Kontakte nachbetreuen
3. Passende Infos an Personen aus den jeweiligen Ordnern senden

Mit dem Ordner-System arbeiten

Grundsätzlich sollte der „Neue Kontakte"- Ordner der erste sein, mit dem Du täglich arbeitest. Darin enthalten ist die Namensliste, als auch die Personen, die noch keine

Entscheidung getroffen haben und wieder kontaktiert werden sollen. Danach kommt der „Partner“- Ordner an die Reihe. Nimm Kontakt zu Deinen bestehenden Partnern auf, schaue, ob sie etwas brauchen und ermutige sie. Die besten Worte, die Du dafür verwenden kannst sind: „Gibt es etwas, was ich heute für Dich tun kann?“ oder „Gibt es einen Kontakt, für den Du Unterstützung brauchst?“

Mache dann anstehende Kundenservice-Anrufe bzw. sende Emails an die entsprechenden Verteiler. Schaue dann in den „Noch nicht“-Ordner. Im Allgemeinen ist eine Zeitspanne von drei bis sechs Monaten ideal, um wieder den Kontakt aufzunehmen. Als letztes kommt der „Nicht (mehr) aktiv“-Ordner an die Reihe. Hier wäre ein erneuter Kontakt nach sechs bis zwölf Monaten ideal.

Anstehende Events, neue Produkteinführungen, neue Tools (Werkzeuge) machen eine etwas abgewandelte Arbeitsreihenfolge erforderlich. Dann fängst Du mit dem „Geschäftspartner“- Ordner an. Es ist absolut wichtig, dass diese Infos so schnell wie möglich alle aktiven Geschäftspartner erreichen, damit diese die Infos ebenfalls weitergeben können. Informiere dann Deine Kunden, vor allem wenn es um ein neues Produkt bzw. Angebot geht. Anschließend kommen dann die Ordner „Neue Kontakte“, „Noch nicht“ und „Nicht (mehr) aktiv“ in genannter Reihenfolge dran.

Die richtige Art von Zielen setzen

Langfristige Ziele zu haben ist wichtig für Dein Leben und natürlich ebenso wichtig für Dein Geschäft. Jedem Lebensbereich, in dem Du wichtige Ziele verfolgst, musst Du eine gewisse Zeit widmen. In diesem Kapitel geht es nicht darum, wie man Ziele setzt, denn darüber gibt es bereits sehr viel Literatur. Hier geht es darum, wie man die richtige Art von Zielen setzt, die für den Geschäftsaufbau die größte Bedeutung haben. Materielle Ziele, wie Höhe des Einkommens, erreichte Position oder eine konkrete Sache zu bekommen, sind „Resultat"-Ziele. Sie repräsentieren Dein Ziel in physischer Form. Dahinter steht in der Regel ein tieferer Wunsch bzw. ein „Warum"-Ziel, welches die eigentliche Motivation ist, das materielle Ziel zu erreichen. Zum Beispiel: Geld an sich ist nicht wichtig, sondern wofür es auf einer tieferen Ebene steht. Dies ist die sog. Intrinsische Motivation (die in der Sache selbst liegt), die Dich antreibt, das Ziel zu erreichen.

Es ist schon wichtig, „Resultat"-Ziele zu haben, aber für das tägliche Leben, sind sie nicht die wichtigste Art Ziele. Die wichtigsten Ziele werden „Aktivitäts"-Ziele genannt. Die „Methode" besteht ja aus einer Reihe von Aktivitäten, die, wenn sie regelmäßig getan werden, zu einem Ergebnis führen. Ohne Aktivitäten kommt es logischerweise zu keinem Ergebnis. Außerdem ist es nicht immer möglich, Tag für Tag ein „Resultat"-Ziel vorhersehbar zu erreichen. Ein Beispiel dazu: Ein „Resultat"-Ziel könnte sein, täglich eine Person zu sponsern. Die Herausforderung dabei ist, dass Du nicht kontrollieren kannst, ob und wann jemand gerade „ja" sagt. Du kannst nur Deine eigenen Aktionen kontrollieren. Wenn Du natürlich mit genügend Personen sprichst, kann im Durchschnitt schon das Resultat „Ein neuer Kunde/ Partner“ herauskommen. Aber eben die Aktionen, d.h. genug Gespräche führen, sind dabei der Schlüssel! Dies solltest Du beachten, wenn Du Deine Tages-Ziele setzt.

Grundsätzlich unterliegen die Ergebnisse Deiner Aktivitäten bestimmten Quoten. Zum Beispiel: Vielleicht musst Du mit drei Personen sprechen, damit einer interessiert ist, mehr über Dein Angebot zu erfahren. Weiterhin brauchst Du vielleicht fünf Personen, denen Du die Produkte/ das Angebot präsentierst, von denen dann einer bestellt. Das bedeutet, Deine Quote wäre eine gesponserte Person pro 15 Kontakte. Wenn Dein Ziel also wäre, eine Person pro Tag zu sponsern, würde Dir diese Quote zeigen, dass Du im Durchschnitt 15 Kontakte täglich machen müsstest. Beachte also Quoten für die Festlegung Deiner Aktivitäts-Ziele. Durch das Arbeiten mit der bereits erwähnten „Informations-Pipeline“ und der Arbeitsweise ohne Druck wird Deine Quote mit der Zeit über dem Durchschnitt liegen, aber das sollte man nicht gleich am Anfang schon erwarten. Alle möglichen Unternehmer/ Unternehmen nutzen Quoten, um Aktivitäts-Ziele festzulegen. Diese unterscheiden sich von Person zu Person und hängen von verschiedenen Faktoren ab.

Ich habe hier im Durchschnitt beobachtete Quoten zugrunde gelegt, aber Deine persönlichen können besser oder auch weniger gut sein. Mache Dir aber bewusst, dass Deine Quoten mit zunehmender Erfahrung besser werden.

Indem Du Buch führst über Deine Kontakte und Deine gewonnenen Kunden/ Partner, kannst Du sehen, wie sich Deine Quoten verändern.

Setze Dir Aktivitäts-Ziele und führe Buch über die Ergebnisse. So kannst Du Deine Fortschritte messen und ggf. Anpassungen vornehmen. Hier wieder ein Beispiel: Angenommen Du setzt Dir ein Resultat-Ziel, nächsten Monat 10 Personen zu sponsern. Demnach müsste Dein Aktivitäts-Ziel sein, fünf neue Kontakte täglich zu machen (oben genannte Quote zugrunde gelegt). Natürlich musst Du alle anderen Aktivitäten der „Methode", wie Informieren/ Präsentieren, Deine Geschichte erzählen, Nachkontaktieren, Betreuen (Service) usw. auch einplanen. Aber das Hauptaktivitäts-Ziel sind die neuen Kontakte, denn es ist unwahrscheinlich, dass Du sonst das Resultat-Ziel von 10 neuen Kunden/ Partnern erreichst. Am Monatsende kannst Du dann auswerten, wie effektiv Du warst und ob Du künftig Dinge ändern musst. Übrigens sind 10 neue Kunden im Monat ein erreichbares Ziel für jeden, der bereit ist, mit genug Menschen zu sprechen (Ich habe in meiner Laufbahn im Empfehlungsmarketing viele Monate gehabt, in denen ich mehr als 10 gesponsert habe. Und ich kenne viele, die es auch getan haben).

Im Allgemeinen sind für jemanden, der das Geschäft in Teilzeit aufbaut, drei bis fünf neue Kontakte pro Tag ein gutes Aktivitäts-Ziel. Dadurch entsteht ein guter Geschäftsrhythmus, der es auch ermöglicht, die entsprechenden Nachbetreuungsaktivitäten zeitlich unterzubekommen. Denke daran: Sponsern ist die wichtigste

Aktivität in dem Geschäft. Wer vollzeit das Geschäft aufbaut, sollte nicht weniger als 10 - 20 Kontakte pro Tag machen, vor allem, wenn man den Power-Wachstums-Modus einschalten möchte oder gerade ernsthaft startet. Dadurch entstehen auch schnell sichtbare Erfolge. Für Neustarter sind neue Kontakte die einzige Aktivität und deshalb sollte man mit mehr Kontakten pro Tag starten, bevor man dann zu drei bis fünf Kontakten übergeht.

Sorge für Dich zuerst, dann kannst Du auch für andere Dein Bestes geben

Dies scheint im Widerspruch zu stehen zu meinen Ausführungen über: „Helfe anderen zuerst, und Du erreichst dadurch auch Deine eigenen Ziele". Aber dem ist nicht so. Das beste Beispiel, was ich dazu anführen kann, um die volle Bedeutung dieser Überschrift zu verstehen, ist das Beispiel der Ehefrau und Mutter. Mütter haben oft ihren gesamten Fokus auf der Fürsorge für andere. Sie sorgen für ihre Kinder und für den Ehemann, engagieren sich oft auch noch im Gemeinwesen, und sie kümmern sich auch um die eigenen Eltern in fortgeschrittenem Alter. Die große Frage, die oft übersehen wird, ist: Wer sorgt für die Fürsorgende? Was passiert, wenn die Fürsorgende krank wird? Dann kann sie sich nicht mehr um alle anderen kümmern, oder? Deshalb muss auch die Fürsorgende zunächst für sich selbst als erstes sorgen. Das ist doch dann auch im Interesse aller anderen, dass die Mutter sich auch um sich zuerst kümmert. Nur dann kann sie auch ihr Bestes für die anderen geben.

Bestimmt hast Du schon einmal im Flugzeug gesessen und erinnerst Dich an die Präsentation der Sicherheitsbestimmungen durch die Stewardess. Dabei wird gesagt, dass im Falle eines Druckabfalls in der Kabine Sauerstoffmasken herausfallen und man die EIGENE Maske zuerst aufsetzen soll. Das macht Sinn, denn dadurch kann man anschließend auch anderen helfen. Dieses obige Prinzip macht Sinn für die körperliche und emotionale Gesundheit, aber es gilt genauso für Aktivitäten zum Geschäftsaufbau. Um Deine Teampartner bestmöglich unterstützen zu können, musst Du zuerst für Dich selbst sorgen. Halte Dir Zeit frei für persönliche und fachliche Weiterentwicklung. Dadurch wächst Du in Deiner Persönlichkeit und kannst anderen auf einer höheren Ebene weiterhelfen. Kümmere Dich auch um Deine Gesundheit, denn dadurch hast Du mehr Energie für andere. Und stelle Deine eigenen Sponseraktivitäten anderen voran, damit Dein Geschäft auch unabhängig von den Aktivitäten Deiner Teampartner wächst. Dadurch gehst Du mit Beispiel voran und Du kannst Dich dann auch mehr auf andere fokussieren, da Du für Dich bereits gesorgt hast.

Jeden morgen kümmere ich mich zunächst um mich selbst. Ich lese und bilde mich weiter, mache meine Gebete, meinen Sport und meine Tagesplanung, bevor ich mit anderen in Kontakt trete. Das erlaubt mir, in meiner vollen Energie zu sein und dadurch andere bestmöglich unterstützen zu können.

Sponsern

Der unendliche Geschenkkorb

Vielleicht bist Du nach dem Lesen des Kapitels über die "Aktivitäts"-Ziele etwas überwältigt, wie viele Kontakte Du wirklich machen solltest. Nun ich sage einfach die Wahrheit. Aber es ist trotzdem ein einfaches Geschäft. Es geht darum, nette Gespräche zu führen, Informationen zu geben und anderen zu helfen... aber natürlich braucht es persönlichen Einsatz, dessen Umfang direkt von der Größe Deiner Ziele abhängt. Das gilt für jegliche Arbeit im ganzen Leben. Der Schlüssel zum Aufbau eines großen Geschäfts ist, viele Menschen auf die richtige Weise zu kontaktieren. Die gute Nachricht ist, dass es viele Menschen auf der Welt gibt... überall! Deine innere Einstellung bestimmt, ob es Dir leicht fällt, mit vielen Menschen zu sprechen.

Wenn Deine Haltung ist, dass Deine Aufgabe nur darin besteht, etwas weiterzuerzählen, dass anderen helfen kann und es egal ist, was dabei herauskommt, dann ist es viel leichter, Gespräche zu beginnen. Vertraue einfach der Methode! Der Bedarf ist groß. Du bietest einfach anderen einen Weg an, sich selbst zu helfen... aber es ist an ihnen, den nächsten Schritt zu tun. Die Quoten funktionieren, d.h. wenn Du mit einer bestimmten Anzahl Personen sprichst, wird ein gewisser Prozentsatz davon ja sagen.

Um es noch einfacher zu machen, stell Dir vor, Du bist der Weihnachtsmann. Du hast einen riesigen unendlich großen Sack voll mit Geschenken. Darin ist für jeden etwas dabei. Egal wie viele Geschenke Du weitergibst, der Sack bleibt auf magische Weise immer gefüllt. Es ist unmöglich, dass Dir die Geschenke ausgehen. Mit dieser inneren Haltung solltest Du Deine Kontakte machen. Alles was Du dabei machst, ist ein Geschenk anzubieten. Ist es Dir jemals unangenehm, jemandem zu einem Fest oder zum Geburtstag etwas zu schenken? Nein, Du gibst mit Freude und hoffst, dass es der anderen Person gefällt. Das ist genau die gleiche Sache. Gib also Deine Geschenke mit Freude weiter.

Manchmal wird es der falsche Zeitpunkt sein oder das falsche Geschenk, aber das lässt sich nicht vermeiden. Du hast getan, was Du konntest. Wenn Du nun diesen unendlichen Geschenkkorb hast, wie viele Geschenke würdest Du täglich verteilen wollen? Könntest Du es 20 Menschen anbieten? Oder 30? Was ich sicher weiß, ist, je öfter Du es anbietest, desto mehr Menschen werden „ja“ sagen und desto mehr Menschen wirst Du helfen, was wiederum bedeutet, dass Du um so erfolgreicher wirst.

Dein Einflussbereich

Deine Namensliste ist von großem Wert für Dein Empfehlungsmarketinggeschäft. Man kann es auch Deinen Einflussbereich nennen. Du hast bisher hunderte, wahrscheinlich sogar tausende Menschen in Deinem Leben getroffen. Alle haben ähnliche Bedürfnisse, wo Du weiterhelfen kannst, und alle sollten wissen, was Dein Angebot ist. Als ich gelernt habe, wie man eine Namensliste richtig erstellt, war das von großer Hilfe, gerade zu Beginn in diesem Business. Als ich mit diesem Geschäft begann und man mir gesagt hatte, ich sollte eine Liste erstellen, hatte ich nur ein paar Personen darauf stehen (um genau zu sein: 38). Weder hatte mir jemand wirklich gezeigt, wie man eine komplette Liste schreibt, noch hatte mir jemand erklärt, dass dies nicht nur die Freunde und die Familie beinhaltet. Auf der kompletten Liste sollte jede Person stehen, mit der Du irgendeinen Berührungspunkt hast/ hattest, egal für welchen Zeitraum und egal, wie lange es her ist.

Als ich zum ersten Mal meine komplette Liste erstellt hatte, standen da über tausend Personen drauf. Dann habe ich begonnen, diese zu kontaktieren und ließ sie wissen (in freundlicher und respektvoller Weise), dass ich eine wunderbare Gelegenheit für sie hätte und fragte, ob sie mehr darüber erfahren wollten. Das Resultat war, dass ich viele Personen sponserte. Dies bildete das Fundament für meinen Erfolg. Folgende Dinge solltest Du beachten beim Erstellen Deiner Liste:

1. Du tust Menschen einen Gefallen, wenn Du sie von Deinen Produkten und/ oder Deinem Geschäft wissen lässt, denn Du gibst ihnen damit die Gelegenheit, ihr Leben zu verbessern. Mache Dir bewusst:

Wenn Du etwas kennst, was anderen helfen kann, bist Du in der Verantwortung, es weiterzugeben.

2. Überlege nicht im Vorfeld, ob jemand wohl interessiert sein wird oder nicht. Das muss derjenige selbst entscheiden und nicht Du. Der einzige Weg, dies herauszufinden ist, denjenigen zu fragen. Wenn Du demjenigen nicht davon erzählst, wird es jemand anderes tun.

3. Jede Person auf Deiner Liste steht wiederum für hunderte weiterer Personen, die derjenige kennt.

4. Ein gewisser Prozentsatz von Menschen auf Deiner Liste werden Deine Kunden werden und ein kleinerer Teil Deine Geschäftspartner. Je größer Deine Liste ist, desto größer wird die Anzahl von Kunden und Partnern sein.

5. Keine andere Person wird Dich erfolgreich machen, außer Du selbst. Einige suchen die ganze Zeit nach jemandem, der für sie ein großes Team aufbaut und sie reich macht. Das ist die falsche Herangehensweise. Halte Ausschau nach Menschen, die offen sind, und dann sollte Dein Fokus darauf liegen, wie Du ihnen helfen und ihr Leben bereichern kannst.

6. Mache Dir beim Schreiben der Liste zunächst keine Gedanken darüber, wie Du die einzelnen Personen wohl ansprechen könntest. Du musst zunächst nur wissen, wie Du Deine ersten Gespräche führst, und Du lernst im Laufe der Zeit mehr Varianten und kannst dann tiefer in die Liste einsteigen.

7. Dieser Einflussbereich ist wie ein Kreis, denn Du kannst ihn mehrmals von vorne durchgehen. Achte also darauf, dass Du freundlich und respektvoll mit allen umgehst und deren Entscheidungen respektierst, so dass auch diejenigen, die nicht interessiert sind, offen für weiteren Kontakt in der Zukunft sind.

Es kostet etwas Mühe, eine gute Liste zu erstellen, aber es ist diese Mühe absolut wert. Stell Dir eine Zielscheibe vor, mit einem schwarzen Auge in der Mitte, darum ein größerer Kreis, darum wieder ein Kreis und nochmals ein Kreis. Dies ist Dein Einflussbereich. Das schwarze Auge beinhaltet Deine guten Freunde und Deine Familie. Das können meistens ca. 50 Personen sein oder auch mehr bei großen Familien. Der nächste Ring beinhaltet Menschen, die Du kennst und mit denen Du regelmäßig in Kontakt kommst. Dies sind z.B. Personen aus Deiner Kirchengemeinde; Organisationen, denen Du angehörst; Eltern von Kindern, die Du kennst, oder mit denen Deine Kinder zur Schule oder zum Sport gehen; Menschen aus der Umgebung, die in Geschäften arbeiten, wo Du hingehst; Menschen, die ins gleiche Fitnessstudio gehen usw. Diese Gruppe können einige hundert Personen sein.

Die Zielscheibe für Deine Namensliste

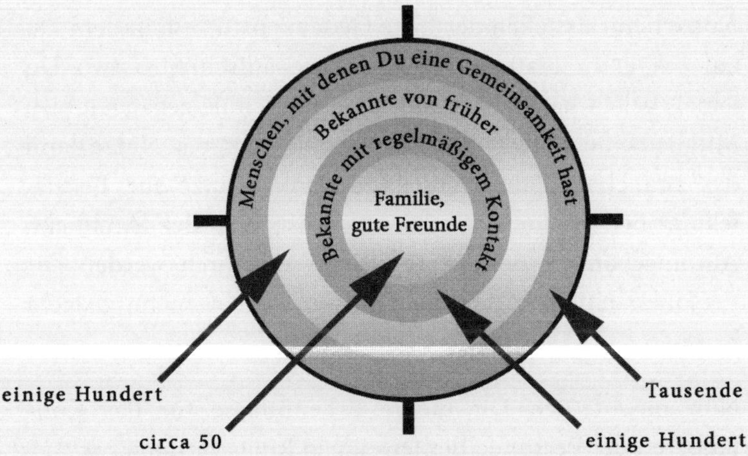

Der nächste Ring ist noch größer und beinhaltet jeden, mit dem Du zu irgendeiner Zeit in Deinem Leben Zeit verbracht hast, aber den Du jetzt, wenn überhaupt, nur sehr selten siehst; Menschen, mit denen Du zur Schule gegangen bist, mit denen Du früher zusammengearbeitet hast, die früher in Deiner Nähe gewohnt haben usw. Dies können wiederum hunderte Personen sein.

Der äußerste Ring ist der größte und beinhaltet jeden, mit dem Du irgendeine Gemeinsamkeit hast und der Dich vielleicht kennt. Dies könnten z.B. Personen sein, die zur gleichen Schule gegangen sind wie Du, aber mit denen Du nicht befreundet warst oder Personen, die den gleichen

Beruf haben wie Du. Jegliche Verbindung kann Grund sein, den anderen zu kontaktieren. Dieser Teil der Liste kann sehr groß sein.

Nutze beim Erstellen der Liste Gedankenstützen, in dem Du auf ein extra Blatt Papier alle Orte aufschreibst, wo Du jemals gelebt hast, gearbeitet hast, zur Schule gegangen bist, Mitglied eines Clubs oder eines Teams warst o.ä. Nutze dann das Branchentelefonbuch als Gedankenstütze für Berufsfelder. Beginne mit A. Wen kennst Du, der Architekt, Automechaniker oder Arzt ist usw. Dadurch werden Dir Personen einfallen, an die Du sonst nicht mehr gedacht hättest.

Nun möchte ich Dir meine Erkenntnisse für das Kontaktieren der Personen des jeweiligen Rings verraten.

Mitte (Schwarzes Auge, innerster Kreis): Kontaktiere die Personen direkt und natürlich, egal ob auf Produkte oder das Geschäft. Beginne hier.

Ring 2: Für die Geschäftsansprache: Erzähle, dass Du gerade Dein Geschäft erweiterst und mache dem anderen ein Kompliment, dass dieser die Art von Mensch ist, mit dem Du gerne zusammenarbeiten würdest.

Ring 3: Sage, dass ihr zwar für gewisse Zeit nicht mehr in Kontakt ward, aber dass Du an denjenigen gedacht hast, weil Du gerade Dein Geschäft erweiterst und denjenigen als jemanden in Erinnerung hast, mit dem Du gerne zusammenarbeiten würdest.

Ring 4: Rufe dem anderen in Erinnerung, woher ihr euch kennt oder wie Du von demjenigen erfahren hast. Erzähle dann, dass Du ein erfolgreiches Geschäft hast (dies wird zu dem Zeitpunkt so sein), welches Du gerade erweiterst. Frage den anderen, ob er Interesse hätte, mehr über eine Möglichkeit zu erfahren, mit der er sein Einkommen steigern könnte.

Bisher habe ich noch nie jemanden kennengelernt, der wirklich *jeden* auf seiner Liste kontaktiert hätte – mich eingeschlossen. Es wird schon eine lange Zeit brauchen, bis Du zum vierten Ring kommst, denn mit den ersten drei Ringen hast Du viel zu tun. Dies ist meine empfohlene Arbeitsweise und so kannst Du ein großes Netzwerk aufbauen. Logischerweise weiß niemand, dass Du ein Geschäft oder tolle Produkte hast, die anderen helfen können, solange Du es nicht weitererzählst. Du musst es vermarkten und promoten. Die Menschen in Deinem Einflussbereich sind dafür am besten geeignet, denn mit diesen hast Du bereits eine Verbindung, d.h. es gibt ein gewisses Vertrauensverhältnis im Gegensatz zu komplett Fremden.

Mehr zum Thema Kontaktieren

Das Ziel der Gespräche der „Methode“ ist das Sponsern, und das Gespräch beginnt mit dem Kontaktieren. Deshalb ist das Kontaktieren die wichtigste Aktivität, deren Effektivität man steigern sollte. Im ersten Buch gibt es auch ein Kapitel über das Kontaktieren, hier kommt noch eines, denn es ist wichtig, immer wieder an die Schlüsselfaktoren erinnert zu werden. Hier möchte ich Dir Tipps geben, wie Du die Grundlagen des Kontaktierens meistern kannst. Im ersten Buch gibt ein ganzes Bonuskapitel mit Beispielsätzen und Fragen, die alle effektiv sind. Hier möchte ich nochmal die Einfachheit und Grundlagen auf den Punkt bringen.

Kannst Du eine Frage stellen? Auf freundliche Art und Weise? Das ist schon die Essenz des Kontaktierens. Es geht nur darum, eine Frage zu stellen, und die beste Frage ist zu Beginn eine, auf die man nur mit „ja“ oder „nein“ antworten kann. Das Ziel dabei ist herauszufinden, ob diese Person offen dafür ist, mehr über Dein Angebot zu erfahren. Anders ausgedrückt: Ist sie generell offen für „irgendetwas Neues“?

Wenn Du Ausschau nach neuen Geschäftspartnern hältst, ist es am wichtigsten, durch eine Frage herauszufinden, ob derjenige offen ist, mehr zu erfahren. Wenn derjenige nicht offen ist, sind alle weiteren Bemühungen Zeitverschwendung. Wenn er offen ist, dann hast Du einen *echten* Interessenten. Dieser Person kannst Du dann die weiteren Informationen geben, aber derjenige sollte zunächst sein Interesse bekunden. Sei natürlich und Du selbst! Es gibt keinen Grund, perfekt sein zu müssen oder gekünstelte Sätze parat zu haben. Vielen Partnern fällt dies zunächst schwer, denn sie denken darüber nach, wie sie es perfekt sagen können, anstatt sie selbst zu sein. Wenn Du Worte benutzt, die Du sonst nicht benutzt, dann hört sich das nicht nach Dir an. Das ist eine „rote Warnlampe" für Deinen Interessenten. Dieser spürt unmittelbar, dass irgendetwas an Deinem Verhalten nicht stimmt.

Schauen wir dies von der anderen Seite aus an. Wie sprichst Du normalerweise von Dingen, die Du magst. Es ist natürlich zu sagen: „Hast Du schonmal von ... gehört?" oder „Ich muss Dir unbedingt von ... erzählen!" Natürlich und begeistert zu sein ist attraktiv genug. Es gibt keine perfekten Sätze, und es sollte niemals so klingen, als würdest Du ein vorgefertigtes Skript ablesen. Sei Du selbst, das ist gut genug!

Türen

Beim Kontaktieren findest Du heraus, ob jemand offen ist, etwas Neues zu erfahren, das ein Bedürfnis decken bzw. ein Problem lösen kann. Dabei öffnest Du demjenigen sozusagen eine *Tür*. Es ist die Art und Weise bzw. das Thema, dass Du wählst, um ein Gespräch zu beginnen. Dein Business bietet viele *Türen*. Jedes Produkt und jede Dienstleistung ist eine Tür. Die Geschäftsmöglichkeit selbst ist eine Tür. Jeder Vorteil, den das Geschäft bietet, ist ebenfalls eine Tür. Hier wieder ein Beispiel: Jemand ist vielleicht nicht daran interessiert, genug Geld zu verdienen, um den bisherigen Job kündigen zu können. Wenn Du demjenigen nun erzählst, dass er mit Deiner Geschäftsidee viel Geld verdienen kann, dann wird derjenige nicht durch diese Tür gehen wollen. Aber diese Person wäre vielleicht interessiert daran, ein Zusatzeinkommen zu verdienen, um schönere Urlaube genießen zu können oder mehr für Aktivitäten der Kinder ausgeben zu können oder die Anschaffung eines neuen Autos zu ermöglichen. Eine Ansprache auf eine einfache Möglichkeit, wie man mit Spass etwas extra verdienen kann, wäre in diesem Fall passender. Ein weiteres Beispiel: Du kannst jemanden ansprechen und die Tür „Hautpflege" benutzen, aber derjenige wäre nicht interessiert, aber die selbe Person wäre vielleicht an Gewichtsreduktion interessiert.

Bei der Ansprache auf ein Geschäft nutze ich gerne die Tür eines „Extra-Einkommens ohne Risiko". Diese Ansprache passt für alle Größenordnungen, und bei Interesse mehr zu erfahren, kann derjenige mir sogar eine gewünschte Einkommenshöhe nennen. Du solltest die Tür benutzen, die sich für Dich am besten anfühlt und wovon Du am meisten begeistert bist. Das mögen im Laufe der Zeit unterschiedliche Türen sein. Generell gibt es zwei Kategorien: Proaktive und reaktive Türen.

Proaktive Türen

Proaktiv bedeutet, dass Du jemandem gezielt eine Tür öffnest (d.h. Du hast es geplant). Gezieltes tägliches Kontaktieren ist eine Schlüsselaktivität beim Geschäftsaufbau. Deshalb solltest Du in Deinem Gespräch immer proaktiv eine Tür öffnen. Die Menschen in Deiner Namensliste kannst Du einfach in zwei Gruppen einteilen: Menschen, die Du gut genug kennst, um eine Idee von deren Bedürfnissen und Wünschen zu haben, und Menschen, von denen Du das nicht weißt. Wenn Du jemanden kontaktierst, dessen Wunsch/ Bedürfnis Du bereits kennst (da derjenige Dir in früheren Gesprächen davon erzählt hat), solltest Du eine Tür benutzen, die direkt mit diesem Bedürfnis zu tun hat. Wenn diese Person z.B. beklagt hat, nicht genug Geld zu verdienen, dann weißt Du, dass ein Zusatzeinkommen eine gute Tür wäre.

Du kannst einfach ein Gespräch beginnen, indem Du sagst „Du hast doch mal erwähnt, dass Du gerne mehr Geld zur Verfügung hättest..." und schon seid ihr in einer Konversation darüber. Denke auch an das gesamte Konzept der „Methode": Der andere soll sich wohl fühlen und zwanglos informieren können. Meistens möchte der andere mehr erfahren, wenn Du die *richtige* Tür öffnest. Dieser Beginn passt für alle Aspekte von Einkommen, über Lebensstil, bis hin zu Produkten. Du öffnest die Tür, indem Du einfach sagst: „Du hast doch mal erwähnt, dass...". Diese Türöffner funktionieren außerordentlich gut.

Den Menschen auf Deiner Liste, von denen Du nicht viel weißt, öffnest Du einfach die Tür, von der *Du* am meisten begeistert bist. Wenn Du von einem bestimmten Produkt begeistert bist, solltest Du diese Tür benutzen. Wenn Du begeistert vom langfristigen Verdienstpotential bist, solltest Du diese Tür wählen. Wenn Du es einfach toll findest, eine Möglichkeit zu haben, nebenbei ein regelmäßiges Einkommen aufzubauen, dann nutze diese Tür. Ein anstehendes Event kann auch eine Tür sein, ebenso ein neues Tool (Werkzeug), sowie ein Buch oder eine CD oder ein Video.

Ich habe ja schon erwähnt, dass man die „Noch nicht"-Leute alle sechs Monate mal wieder kontaktieren sollte. Eine Ausnahme wäre, wenn es eine neue Produkteinführung, ein Event oder neues Tool gibt. Wenn sich solche Möglichkeiten auftun, dann kannst Du Deine „Noch nicht"-Liste einfach kontaktieren und sagen „Wir hatten uns vor einiger Zeit ja mal unterhalten und es war nicht der richtige Zeitpunkt für Dich/ hatte Dich nicht so interessiert, doch nun gibt es eine Neuigkeit, die ich Dich wissen lassen wollte." Benutze dabei Deine eigenen Worte.

Reaktive Türen

“Reaktive Türen” ergeben sich in alltäglichen Situationen, wenn jemand von einem Wunsch oder Bedürfnis erzählt. Obwohl ich von Natur aus schüchtern bin, habe ich gelernt, solche Situationen effektiv zu nutzen, und zwar wie folgt. Im Allgemeinen beklagen Menschen gerne, was nicht so gut läuft in ihrem Leben. Oft ist es so, dass sie ihren Job nicht mögen oder dass sie ein gesundheitliches Problem haben oder dass sie nicht genug Zeit für die Familie haben. Wenn Du bei einem gesellschaftlichen Anlass mit einem Bekannten sprichst oder mit jemandem, den Du nicht kennst, stelle Fragen und es ergibt sich automatisch ein Gespräch. Meistens erzählt Dein Gesprächspartner dann von Dingen, die er gerne ändern würde.

Der Fehler, den Partner im Empfehlungsmarketing häufig machen, sobald der andere eine „Tür geöffnet“ hat, dass ihm z.B. sein Job nicht gefällt oder dass er gerne mehr Geld hätte, ist, sofort zu beginnen, dem anderen von der eigenen wunderbaren Geschäftsmöglichkeit zu erzählen. Halt, das ist zu früh! Die beste Vorgehensweise ist es, geduldig zu sein und den Gesprächspartner mehr darüber erzählen zu lassen. Stelle mehr Fragen zu der Situation und frage, was der andere schon versucht hat, um das zu ändern.

Je länger der andere von seiner Situation erzählt, desto vertrauter wirst Du ihm, weil Du zuhörst. Man kann auch sagen, dass ihr dadurch auf eine Wellenlänge kommt. Du hast sozusagen in die andere Person investiert (weil Du ihr Deine Zeit und Aufmerksamkeit geschenkt hast), und deshalb ist derjenige nun auch offen, Dir Zeit und Aufmerksamkeit zurückzugeben. In der heutigen schnelllebigen Welt fühlen sich viele Menschen nicht gehört. Wenn Du dem anderen eine Weile zugehört hast, dann kannst Du bedächtig sagen: „Vielleicht kann ich Dir helfen.“ Mache dann einen Termin aus, um ausführlich darüber zu sprechen. Eine andere Möglichkeit, welche ich bevorzuge, ist, einige Tage später anzurufen und zu sagen: „Ich habe darüber nachgedacht, was Du mir neulich erzählt hast; vielleicht hätte ich etwas, was Dir helfen könnte.“ Das zeigt, dass Du die andere Person wertschätzt, weil Du Dir Gedanken gemacht hast.

Tools (Werkzeuge)

Tools erlauben Dir in kurzer Zeit, viele Personen zu informieren und effektiv Informationen weiterzugeben. Im ersten Buch habe ich beschrieben, dass das beste Werkzeug Deine eigene Geschichte ist. Andere Tools, wie Bücher, Videos, Audio-CDs und Broschüren helfen Dir, effektiv die Informationen weiterzugeben, die der Interessent braucht, um eine Entscheidung zu treffen, ohne dass Du alle Inhalte auswendig kennen musst. Sieh es so:

Mit Deiner Geschichte vermittelst Du, was möglich ist, und die Information erklärt, ***wie*** *oder* ***warum*** *es möglich ist.*

Falls Du bereits ein erfahrener Präsentierer bist, bzw. es in Zukunft wirst, kannst Du die Informationen natürlich auch selbst erfolgreich herüberbringen, nachdem *Du* es zuerst gelernt hast. Aber warum bis dahin warten? Und außerdem, wie hoch ist die Wahrscheinlichkeit, dass jeder ein begabter Präsentierer wird? Du kannst viel mehr, viel schneller erreichen, wenn Du Tools einsetzt.

Nutze erstens unabhängige Infos (sozusagen eine dritte Person), wodurch der Fokus nicht mehr darauf liegt, dass *Du* ein Experte in diesem Gebiet sein müsstest. Zweitens, wenn *Du* selbst die Informationen präsentierst, dann wirkt es leicht so, dass Du den anderen überzeugen bzw. überreden möchtest. Eigenes Präsentieren ist an sich nicht schlecht, aber den meisten Personen fällt es sehr schwer, dies richtig zu handhaben. Es ist viel leichter, mit jemandem zu sprechen, der Dich als Helfer sieht und nicht als Überzeuger. Das Tool baut eine Brücke zwischen Euch auf. Dadurch habt ihr etwas Konkretes und Greifbares, über das ihr sprechen könnt. Dann brauchst Du nur die Fragen des Interessenten zu beantworten... und den nächsten Schritt, wiederum als Helfer, vorzubereiten. Tools erlauben Dir, viele Menschen gleichzeitig zu informieren. Anschließend kannst Du Zeit mit denjenigen verbringen, die das meiste Interesse zeigen. Werkzeuge ermöglichen auch eine schnellere Duplikation in Deinem Team, denn jeder kann schnell erlernen, die eigene Geschichte zu erzählen und ein Tool weiterzugeben.

In Tools zu investieren ist sehr kostengünstig, denn dadurch kannst Du Deine Zeit besser nutzen, und Deine „Zeitkosten" sind höher als die der Infomaterialien. Werkzeuge können auf verschiedene Weisen eingesetzt werden, um das Wachstum anzukurbeln und das Team zu stärken. Als erstes helfen sie beim „Aussieben" und „Sortieren" Deiner Kontakte. Wie bereits erwähnt bedeutet Kontaktieren einfach, eine Frage zu stellen, um zu sehen, ob jemand für neue Dinge offen ist. Ein Video, Buch oder eine CD kann dann als erste Info dienen, um auszusortieren, wer an Deinem Angebot konkret interessiert ist. D.h. Du „bewirbst" also das Tool als erstes. Diejenigen, die das interessant fanden, lädst Du dann zu einem persönlichen Gespräch ein. Dabei fragst Du zunächst, was denjenigen am meisten interessiert und findest auch heraus, *warum* derjenige mehr erfahren möchte. Anschließend kannst Du ein weiteres passendes Tool einsetzen, z.B. einen Katalog oder eine Webseite o.ä. In vielen Fällen wirst Du denjenigen dann sponsern, denn er hat nun genug Informationen erhalten, um einen ersten Schritt zu machen. Wenn derjenige noch nicht bereit ist, kannst Du ihm weitere Infomaterialien geben.

Das Buch „Die Methode“ (Teil 1) ist ein exzellentes Tool, für alle die, die überlegen, ob sie selbst mit dem Empfehlungsmarketing beginnen sollen, denn es beschreibt, wie einfach es funktioniert und zum Erfolg führt, wenn man sich an die Methode hält. Gleichzeitig ist es ein Trainingstool. Ich gebe einem Interessenten immer ein Buch „Die Methode“ mit, und sage, dass er es behalten kann, wenn er sich entscheidet einzusteigen, und wenn nicht, dann lasse ich es mir zurückgeben, um es jemand anderem geben zu können. Mit anderen Büchern, CDs, Materialien mache ich es genauso. Das Kraftvolle beim Einsatz von Werkzeugen ist, dass der Interessent sieht, dass er das *auch* tun kann. Es kommt dann oft vor, dass der Interessent fragt: „Wie starte ich in dem Geschäft?“ Du kannst ihm dann einfach die Schritte bewusst machen, die Du mit ihm gegangen bist, so dass er sehen kann, dass er genauso vorgehen kann.

Weiter sponsern oder nur noch unterstützen?

Es wird Zeiten geben, wo Du versucht bist, mit dem Sponsern aufzuhören, um nur noch Deine Partner zu unterstützen. Es ist natürlich gut, dass Du Dich um Deine Partner kümmerst. Es zeigt, dass Dir auch ihr Erfolg am Herzen liegt, was wiederum ein Grundpfeiler des Empfehlungsmarketing ist. Das Problem dabei ist jedoch:

Wenn Du aufhörst zu sponsern, hörst Du auch auf, Deinem Team gegenüber mit Beispiel voranzugehen.

Deine Partner schauen jedoch mehr auf das, was Du tust, als auf das, was Du sagst. Das zweite mögliche Problem dabei ist, dass Du dadurch die Wachstumsgeschwindigkeit Deines Geschäfts komplett in die Hände Deines Teams legst. Dies zu früh zu tun, ist ein häufiger Fehler.

Natürlich wollen wir das Beste in unseren Partnern sehen. Es werden welche darunter sein, die euphorisch verkünden, dass sie das Geschäft groß aufbauen wollen, was bei Dir den Gedanken hervorruft, viel Zeit für deren Unterstützung einzuplanen. Wenn Du fünf oder sechs dieser Personen gesponsert hast, dann denkst Du vielleicht, dass Du nun Deine komplette zur Verfügung stehende Zeit, diesen Partnern widmen müsstest. Das bedeutet, dass Du selbst mit dem Sponsern aufhörst. Richte aber niemals *Deine* Aktivitäten danach aus, was andere *sagen*. Der einzige Zeitpunkt, zu dem Du Deine Sposeraktivitäten zurückfahren solltest, ist, wenn die Unterstützungsanfragen Deiner aktiven Partner so häufig werden, dass Du einfach keine Zeit mehr für eigene Erstkontakte hast. Nur dadurch weißt Du, dass es der richtige Zeitpunkt ist. Wenn diese Partner dann selbst auf eigenen Beinen stehen, ist es wieder an der Zeit, die eigenen Aufbauaktivitäten erneut aufzunehmen, es sei denn, Du hast bereits Deine Ziele erreicht.

Immer wenn Du mit Deinem Teamwachstum nicht zufrieden bist, halte Ausschau nach neuen zusätzlichen Partnern. Eine Ausnahme dieser Regel wäre, wenn es sich um eine Führungskraft handelt mit großem aktivem Team. Diese Person müsste auch noch anderen Faktoren Aufmerksamkeit schenken, aber dies würde dieses Buch sprengen. Das gehört zum Thema Leadership.

Gib die Energie weiter

Sponsern gibt Dir Energie. Ich sponsere Menschen seit über 26 Jahren und es gibt mir immer noch ein gutes Gefühl. Sponsern ist aufregend. In dem Moment, in dem Du einen neuen Partner sponserst, öffnest Du eine ganz neue Welt von Möglichkeiten. Du kannst Dir nicht vorstellen, was so alles passieren kann. Vielleicht wird diese Person die nächste große Führungskraft in Deinem Unternehmen? Oder vielleicht bringt Dich diese Person mit der nächsten großen Führungskraft in Kontakt? Natürlich kann es auch sein, dass derjenige gar nichts tut. Das ist also alles Zukunftsmusik. Wichtig ist der jeweilige Moment. Es ist das „Wow“-Gefühl in diesem Moment. Wenn Du diese Energie richtig ausnutzt, kannst Du sie in alle möglichen Richtungen lenken und die Wirkung daraus vervielfachen, egal, was dieser neue Partner anschließend tut!

Denke mal kurz über Folgendes nach: Wann ist der beste Moment, jemanden Neues oder bestehende Partner zu kontaktieren? Selbstverständlich dann wenn Du am meisten begeistert bist. Die nächste Frage ist, wann ist dies der Fall? Wenn Du jemanden gesponsert hast. Dies gibt Dir neuen Enthusiasmus und einen neuen Bereich von Möglichkeiten. Nutze diese Energie unmittelbar für neue Kontakte und gib Deine Begeisterung auch an die bestehenden Partner weiter. Das erhöht die Wahrscheinlichkeit, dass Du gleich weiter sponserst und Deine Partner ebenso. Dadurch kannst Du einen kontinuierlichen Fluss der Energie erzeugen. Es ist ein klassischer Fehler sich nach dem Sponsern zurückzulehnen, weil Du denkst, der neue Partner wird nun weiter für Wachstum sorgen. Lasse diese wertvolle Energie nicht ungenutzt, sondern gib sie in Deinem Team weiter.

Wie 1+1 = 4096 ergeben kann

Häufig wird im Network Marketing ein Konzept für exponentielles Wachstum aufgezeigt. Vielleicht hast Du auch schon einmal das Beispiel 1+1 = 4096 gesehen. Dabei sponserst Du eine Person pro Monat und jeder, der neu dazu kommt, tut das gleiche, dann entsteht binnen eines Jahres eine Gruppe von 4096 Personen. Das ist ein anschauliches

Beispiel, denn die meisten denken linear. Sie arbeiten eine bestimmte Zeit für ein bestimmtes Gehalt. Das Potential der Multiplikation bzw. Hebelwirkung ist beeindruckend, denn es kann zu einer großen Zahl von Kunden und damit auch zu einem großen Einkommen führen. Die Herausforderung dabei ist, dass dies nicht glaubwürdig klingt. Denn das Wachstum wird in der Realität nie so gleichmäßig verlaufen. Es würde voraussetzen, dass jeder ebenfalls weitersponsert.

In der Realität werden aber nur einige aktiv, andere nicht. Nichtsdestotrotz *gibt* es aber ab und zu gehebeltes Wachstum (Multiplikation), wenn in einem Team die Aktivität groß genug wird, so dass auch ohne Dein direktes Zutun neue Kunden/ Partner gewonnen werden. Der Schlüssel ist, dass neue Partner eine einfache Methode benötigen, mit der sie einfach selbst neue Kunden/ Partner sponsern können. Vielleicht wirst Du fünf, sechs oder sieben Partner brauchen, die sagen, dass sie aktiv sein möchten, um einen zu finden, der auch wirklich jeden Monat einen Kunden/ Partner gewinnt. Dies muss man auch erklären.

Wenn Du und Deine neuen Partner diese Quoten berücksichtigen, dann kann ein gehebeltes Wachstum einsetzen. Im Empfehlungsmarketing ist dies einfacher zu bewerkstelligen, als in traditionellen Direktverkaufsmodellen, denn dort kommt oft noch hinzu, ein Starterkit kaufen zu müssen oder eine Einschreibegebühr bezahlen zu müssen.

Zwei Äpfel sind nicht genug

Ein altes englisches Sprichwort besagt: "An apple a day keeps the doctor away." Dies soll bedeuten, dass man durch den täglichen Verzehr eines Apfels alle Nährstoffe erhält, die der Körper braucht, um nicht krank zu werden, und folglich braucht man keinen Arzt. Wenn das Sprichwort aber wäre "an apple a day makes you like Hercules", dann wäre dies ein komplett anderes Konzept. Das „Herkules"-Konzept repräsentiert strahlende Gesundheit und Kraft. Was sagt also das alte Sprichwort wirklich aus? Täglich einen Apfel essen ist das absolute Minimum. Dies ist gerade genug, um das Schlimmste zu vermeiden, so ähnlich wie „genug gelernt, um den Test gerade noch zu bestehen" oder „gerade so viel arbeiten, um den Job noch zu behalten". Jedoch führen minimale Anstrengungen auch zu minimalen Resultaten.

Um Überfluss und Fülle im Leben zu erschaffen, reichen jedoch Minimalaktivitäten nicht aus.

Es sollte schon ein bisschen mehr sein. Wenn Du optimale Gesundheit haben möchtest, dann reicht ein Apfel nicht aus. Wenn Du Erfolg in einer Sportart haben möchtest, reicht ein bisschen Training nicht aus. Wenn Du sehr erfolgreich in Deinem Empfehlungsmarketinggeschäft sein möchtest, reichen kleine Aktivitäten nicht aus. Also wie viel solltest Du tun? Ein bisschen mehr. Vielleicht denkst Du, dass es *das* alleine doch nicht sein kann, um vom Minimum bzw. Durchschnitt zu großen Erfolgen zu kommen. Doch, aber die meisten glauben es nicht. Ein weiterer passender

Ausspruch ist: „Die Masse wird niemals reich." Dies ist so, weil die meisten in allen Lebensbereichen die Dinge in der gleichen Weise tun. Und es hat nichts mit außergewöhnlichem Talent bzw. besonderen Veranlagungen zu tun, sondern einfach nur mit Fleiß.

Einsatz und Fleiß übertreffen Talent auf lange Sicht.

(Denke an die Geschichte vom Hasen und der Schildkröte). Die Erkenntnis daraus ist, dass es keine Riesenanstrengung braucht, sondern konstant etwas mehr Einsatz und Fleiß. Wenn man „täglich ein bisschen mehr" extrapoliert, dann macht dies mit der Zeit einen enormen Unterschied. Dies hat zwei Gründe: Akkumulation und Verstärkungseffekt. Akkumulation ist einfach zu verstehen. Wenn Du einfach jeden Tag einen Anruf mehr machst, als der durchschnittliche Networker, dann sind dies nach einem Jahr 250 Anrufe mehr (50 Wochen x 5 Arbeitstage). Du wirst allein schon aufgrund dieser Zahlen bessere Resultate haben.

Der Verstärkungseffekt kommt noch dazu und ist wirklich Gold wert. Deine besseren Resultate (z.B. mehr zufriedene Kunden und mehr Umsatz) haben einen verstärkenden Effekt, was Dein Ansehen und Deine Empfehlungen anbelangt und verbessert Deine Ausgangssituation für das folgende Jahr entscheidend. Darin liegt ein Multiplikatoreffekt, und eins plus eins ist nicht mehr nur zwei. Ein noch größerer Effekt sind Deine wachsenden Fähigkeiten. Jeden Tag „ein bisschen mehr" steigert Dein Können schneller, was sich mit der Zeit deutlich bemerkbar macht. Ein Jahr später bist Du nicht nur weiter durch die zusätzlichen Aktivitäten, sondern auch aufgrund Deiner gewachsenen Fähigkeiten, wodurch Deine Anrufe noch effektiver werden und noch bessere Resultate bringen. Setze Dir also ein tägliches Aktivitäts-Ziel, setze jeden Tag noch ein bisschen drauf und schaue, was in einem Jahr dabei herauskommt.

Betreuen

Sei eine Bereicherung für andere

Betreuen soll heißen: Anderen einen Mehrwert bieten. Dies ist die Essenz im Empfehlungsmarketing. Im ersten Buch habe ich darüber geschrieben, wie Du eine Bereicherung sein kannst und nicht nur jemand, bei dem Menschen Produkte kaufen. Dieses Kapitel vertieft diesen Punkt in Bezug auf Deine Geschäftspartner. Deine neuen Partner beginnen in diesem Geschäft aus einer Vielzahl von Gründen und mit unterschiedlichen Zielen. Es ist Deine Aufgabe, so viele Menschen wie möglich in ihrem Bestreben, ihr Leben mit diesem Geschäft zu verbessern, zu unterstützen. Einer der aufregendsten Aspekte im Empfehlungsmarketing ist, dass jemand, den Du gesponsert hast, ein riesiges Team aufbaut und Dir ein großes Einkommen bringt. Jeder würde sich das wünschen.

Doch Du solltest gleichzeitig acht geben, andere nicht als Personen zu sehen, die *Dich* reich machen. Du wirst automatisch reich, wenn Du vielen anderen hilfst, *ihre* Ziele zu erreichen, wie auch immer diese aussehen mögen. Wenn Du Menschen danach bewertest, inwiefern sie Dich reich machen könnten, werden diese das spüren und Dir fortan weniger vertrauen. Der Grund Deiner Motivation, mit anderen zu arbeiten, darf nicht in Frage gestellt werden.

Menschen sind anderen gegenüber loyal, wenn sie spüren, dass derjenige gerne ein Unterstützer ist. Es kam schon vor, dass Partner eine große Führungskraft in ihrem ersten Monat gesponsert haben; aber das ist die Ausnahme, nicht die Regel. Auch hier gilt das Gesetz der Zahlen.

Ein kleiner Prozentsatz der Gesellschaft sind die wahren „Anpacker"; Personen, die initiativ sind und es in allem, was sie tun, zum Erfolg bringen. Einige davon werden vermutlich im Laufe der Zeit in Deinem Team auftauchen, aber lasse dies natürlicherweise geschehen. Tappe nicht in die Falle, nur nach solchen Personen Ausschau zu halten, die Dich reich machen könnten. Fokussiere Dich darauf, andere zu bereichern, und der Erfolg wird sich mit der Zeit einstellen.

Mit wem solltest Du arbeiten?

Ich habe eine einfache Philosophie, mit wem man arbeiten sollte. Ich arbeite mit denen, die wirklich *tun*, was sie *sagen*. Im Empfehlungsmarketing kann man nicht führen aufgrund einer Position, die man inne hat. Du arbeitest mit Menschen, die ihr eigenes Geschäft aus ihren eigenen Gründen aufbauen. Sie sind nicht verpflichtet, Dir zuzuhören oder Deinen Anweisungen zu folgen, d.h. Du hast keine Kontrolle darüber, was sie tun. Die einzige Entscheidungsgrundlage für Deine Zeiteinteilung ist also... tut derjenige, was er gesagt hat, dass er tun möchte? Erzählen kann man viel. Taten sind was zählt. Ich finde, Du solltest jeden wertschätzen und jedem eine Erfolgschance geben. Ich kümmere mich um jeden, der mich um Unterstützung bittet. Aber wenn ich dann entscheiden muss, wem ich wie viel Zeit widmen kann, dann kann ich nur auf der Grundlage entscheiden, was jemand tut und nicht was er sagt. Dabei spielt es keine Rolle, ob derjenige nur 3 Personen pro Woche kontaktieren wollte oder 50. Die entscheidende Frage ist, ob er es auch wirklich getan hat.

Halte Deine Tür immer offen

Einige Partner beginnen mit den besten Absichten, ein eigenes Empfehlungsmarketinggeschäft aufzubauen. Sie erzählen Dir, was sie gerne erreichen möchten, sie verlieben sich in die Produkte und alles hat den Anschein, dass sie loslegen werden... und plötzlich tun sie es doch nicht. Gib ihnen deswegen nie ein schlechtes Gefühl! Sorge immer dafür, dass derjenige sich trotzdem weiterhin willkommen fühlt. Im Leben stehen manchmal andere Dinge an: Neue Situationen im Privatleben, im Berufsleben und im Gefühlsleben können auftauchen, so dass derjenige nicht tut, was er gesagt hat, wahrscheinlich aber tun *wollte*. Hier böte sich eine Coaching-Möglichkeit, aber das wäre wiederum ein Leadership-Thema. Hier möchte ich einfach nur die Grundlage weitergeben, wie Du Dir die Möglichkeit bewahrst, dass derjenige zukünftig doch noch Dein Partner wird. Setze diese Person nicht unter Druck und gib demjenigen kein schlechtes Gefühl.

Lasse denjenigen einfach wissen, dass Du da bist, wenn er etwas braucht. Für Dich bedeutet dies, dass Du für die Unterstützung dieses Partners zunächst keine Zeit einplanen musst. Derjenige wiederum weiß, dass Du Dich trotzdem kümmerst und er jederzeit wieder dazustoßen kann. Halte den anderen auf dem Laufenden (er befindet sich ja in einem Deiner Ordner) und behandle ihn immer freundlich und respektvoll. In meinem Team sind viele solcher Personen, die später erfolgreich wurden bzw. über Jahre vertraute Kunden waren.

Schütte Benzin ins Feuer

Ein grundlegendes Gesetz (Pareto-Prinzip) besagt, dass in allen Organisationen 20% der Menschen 80% der Produktivität hervorbringen. Es spielt dabei keine Rolle, ob es sich um Empfehlungsmarketing, einen Konzern oder einen Verein handelt, immer gilt dasselbe Verhältnis, und zwar deshalb, weil es einfach die Natur des Menschen widerspiegelt. Ungefähr 20% der Menschen auf der Welt sind für 80% aller Ergebnisse verantwortlich. Noch einen Schritt weiter gedacht sind wiederum die Top-20% dieser 20% die Big-Player in allem. Was hat das nun mit Deinem Geschäft zu tun?

Das bedeutet, dass ungefähr 2 von 10 Deiner aktiven Partner für 80% Deines Geschäftsvolumens verantwortlich sind, und wiederum einer von fünf dieser Partner wird zu Deinen größten Führungskräften gehören. Im Hinblick auf diese

Quoten muss man im Durchschnitt schon einige Menschen sponsern, um einen wirklich ernsthaften „Macher" zu finden. Natürlich sind unter den anderen 15 auch produktive Partner, aber hier wollen wir kurz auf diesen einen schauen. Es ist ein natürlicher Impuls, sich um die Bedürftigen zu kümmern und die Starken sich selbst zu überlassen. Aus Sicht der höchsten Produktivität müsste man genau das Gegenteil tun. Diejenigen, die nicht stark sind im Leben, wählen dies meist so. Sie unternehmen nicht die nötigen Anstrengungen, um starke Resultate hervorzubringen. Einige bräuchten mehr Coaching, um bessere Resultate zu erzielen, bei anderen wiederum treten gerade unvorhersehbare Umstände auf. Durch Kontakt halten, weißt Du, was zutrifft. Hier möchte ich zwischen denen unterscheiden, die die Dinge anpacken und denen, die es nicht tun. Im Kapitel „Halte Deine Tür immer offen" habe ich ausgeführt, dass Du die Nicht-Aktiven nicht ignorieren sollst, aber Du musst Dich auf diejenigen fokussieren, die Dich am wenigsten bräuchten.

Unterlassene Handlungen kann man nicht multiplizieren – entschlossene Aktivität jedoch sehr gut. Bringe Energie mit Energie zusammen.

Deshalb sollten die kraftvollsten Partner Deine größte Aufmerksamkeit erhalten. Dabei gibt es ein interessantes Phänomen: Wenn Du Menschen, die selbst auch vor Energie sprühen, Energie gibst, dann fällt auch viel davon auf Dich zurück – und zwar mehr als Du für Dein gesamtes Team brauchst, und Dein Geschäftsvolumen wächst schneller. Sieh einen kraftvollen Partner als jemanden, der gerade ein Feuer entfacht hat. Du unternimmst dann alles, um die Flammen größer werden zu lassen. Schütte gleich zu Beginn Benzin ins Feuer, bevor Du Dich um jene kümmerst, deren Feuer noch nicht entflammt ist.

Wie man einen Kunden "upgraded"

Häufig werde ich gefragt, wie man einen Kunden dazu bringt, Geschäftspartner zu werden. Viele Kunden haben zum Zeitpunkt ihres Einstiegs nicht die Absicht, ein eigenes Geschäft damit aufzubauen. Sie möchten einfach nur ein gutes Produkt für sich selbst haben. Kunden sind das Wichtigste in Deinem Geschäft! Durch sie entsteht der größte Teil des Geschäftsvolumens. Im Durchschnitt hast Du fünfmal mehr Kunden als Geschäftspartner. Und das ist gut so. Je mehr loyale Kunden, desto besser. Das ist auch der Schlüssel zu passivem Einkommen. Diese Kunden wissen die Produkte sehr zu schätzen.

Aufgrund dieses Vertrauens wären sie natürlich auch gute Geschäftspartner. Deshalb macht es schon Sinn, mit Deinen zufriedenen Kunden auch über die Möglichkeit, ein Einkommen aufzubauen, zu sprechen. Allerdings muss man dies auf die richtige Weise tun. Denn Du möchtest natürlich nicht, dass der Kunde sich bedrängt fühlt. Wenn Du versuchst, „mehr“ aus ihm zu machen, er das aber nicht möchte, wirst Du ihn als Kunden verlieren. Es gibt zwei Wege, wie ich vorgehe.

Die erste Situation kommt häufiger vor. Wenn jemand meine Produkte seit mindestens einem Monat benutzt und ich weiß (durch richtige Kundenbetreuung), dass er damit sehr zufrieden ist, dann werde ich in etwa sagen: „Marion, ich sehe, dass Dir die Produkte gefallen. Würdest Du sie gerne günstiger bekommen?“ Das Wichtige dabei ist, dass ich nichts von Business, „weiterempfehlen“ oder „mitmachen“ o.ä. sage, was sie möglicherweise abschrecken könnte. Ich stelle also eine einfache Frage, und wenn sie ja sagt, kann ich ihr mehr erzählen. Wenn sie nicht positiv reagiert, dann belasse ich es dabei.

Die zweite Situation ist, wenn ich mit einem zufriedenen Benutzer in wirklich guter Verbindung bin. Dann würde ich in etwa so beginnen: „Marion, ich weiß, dass Dir die Produkte gut gefallen und ich freue mich, dass Du meine Kundin bist. Ich weite gerade mein Geschäft aus und Du wärst jemand, mit dem ich gerne zusammenarbeiten würde. Können wir uns mal treffen? Falls es nichts für Dich sein sollte, ist es auch o.k., vielleicht kennst Du ja jemanden, für den es passen könnte.“ Oder ich verwende den Satz „Würdest Du gerne mehr darüber erfahren?“ Diese Art des Kontaktierens ist vergleichbar mit dem Ansprechen neuer Interessenten auf die Geschäftsmöglichkeit, außer dass man hier noch besonders auf den Erhalt der guten Kundenbeziehung bedacht sein sollte.

Der Kunde muss das Gefühl haben, dass er auch problemlos „nein“ zu Deinem zusätzlichen Angebot sagen kann.

Starte ein Meeting

Der Gedanke, ein eigenes Meeting zu starten, macht vielen ein mulmiges Gefühl, weil sie gar nicht genau wissen, was sie auf einem solchen Meeting tun sollen. Viele denken, sie müssten vor einer großen Gruppe von Personen stehen und einen Vortrag halten. Das nehme ich keinem übel, denn früher hatte ich auch panische Angst davor!!! Es gibt solche Veranstaltungen und wenn Du Dich dazu berufen fühlst, kannst Du solche auch durchführen. Aber es ist nicht notwendig, selbst große Meetings zu veranstalten, um ein großes Geschäft aufzubauen. Es gibt Führungskräfte, die darin gut sind, und Du kannst diese nutzen, ohne selbst Sprecher sein zu müssen.

Die Meetings, auf die ich hier hinaus will, sind kleine Treffen bei Dir zu Hause. Dort können Deine Teampartner und Du Geschichten und Informationen austauschen und über Dinge sprechen, die mit dem Geschäftsaufbau zu tun haben. Diese Treffen können unkompliziert ins Leben gerufen werden. Sie verstärken das Zugehörigkeitsgefühl und die Teamarbeit. Wenn Du diesen Schritt unternimmst, zeigst Du, dass Du es ernst meinst mit dem Aufbau einer wachsenden Präsenz in Deinem örtlichen Umfeld. Dadurch entsteht ein Forum, wo neue Partner und Interessenten mehr lernen können und sich zu einer Gruppe zugehörig fühlen. In der herkömmlichen Geschäftswelt gehen Menschen zu einem Arbeitsplatz und sind dort unter Kollegen. Dies findet nicht automatisch statt im Empfehlungsmarketing, wo jeder von zu Hause arbeitet. Wenn Du Menschen zusammenbringst, erfüllst Du das

Bedürfnis, unter Gleichgesinnten zu sein und jeder kann auch durch andere inspiriert und ermutigt werden. Dadurch wird auch ein Raum geschaffen, vor anderen über das Geschäft zu sprechen, für diejenigen, die in Zukunft auch mal in größeren Meetings sprechen *möchten*. Starte ein Meeting, sobald Du Deinen ersten Geschäftspartner gesponsert hast. Lege einen regelmäßigen Termin fest. Lade Menschen ein, die bereits in der Informations-Pipeline sind und Interesse gezeigt haben. Lasse sie wissen, dass es ein unverbindliches Treffen ist, zu welchem sie einfach dazu kommen können; mehr erfahren können und andere treffen können, die schon aktiv dabei sind. Dieses Treffen dient allen Personen in Deinem Business. Die aktivsten Partner werden regelmäßig kommen und neue Interessenten mitbringen. Diejenigen die nicht so aktiv sind, werden ab und zu kommen, vor allem wenn sie einen neuen Interessenten haben. Wichtig ist, dass alle wissen, wann das Treffen stattfindet und dass jeder willkommen ist.

Weitere Aspekte

Du bist gut genug

Wer schaut nicht ab und zu auf die Gaben und Talente anderer und denkt: „ Wenn ich auch so wäre, wäre alles besser." So denken viele, aber es ist kompletter Unsinn. Derjenige schaut vielleicht ebenso auf Dich und denkt selbst, dass er gerne einige Deiner Gaben hätte. Ich weiß das nur zu gut. Jahrelang habe ich zu anderen aufgeschaut, die extrovertierter und kontaktfreudiger waren als ich, und ich dachte, wenn ich nur so wäre wie sie, dann wäre alles besser.

Dadurch konnte ich jedoch meine eigenen Gaben nicht erkennen! Mache Dir bewusst: Du bist einzigartig und perfekt, wie Du bist. Kein anderer ist wie Du. Du hast alles, was Du benötigst, um mit der „Methode" so erfolgreich zu sein, wie Du es möchtest.

Werde einfach besser darin, Du selbst zu sein, indem Du täglich etwas für Deine Persönlichkeitsentwicklung tust.

Schau Dich mal ehrlich an und werde Dir all der positiven Dinge an Dir bewusst. Schreibe mal alle Deine Talente, Fähigkeiten, Gaben, Wissensbereiche und persönlichen Erfolge auf. Dies sind Deine Unterstützer und Richtungsweiser beim Geschäftsaufbau. Schaue, dass Du diese Stärken noch ausbaust. „Die Methode“ ist einfach zu benutzen, egal wo Deine Begabungen liegen. Es ist einfach ein fortlaufender Arbeitskreis. Du hast bereits alles, was Du brauchst. Der Beste zu sein, der Du sein kannst, reicht vollkommen aus!

Bewege Dich vorwärts in der Motivationsspirale

Alles, was Du häufig tust, wird mit der Zeit einfach und vertraut. Die Methode ist einfach ein Kreis, der aus den Schritten Kontaktieren, Geschichte erzählen/ Informieren, Kontakt halten und Betreuen besteht. Wenn Du diese Schritte jeden Tag diszipliniert gehst, geht es mit der Zeit müheloser. Dadurch wirst Du noch aktiver. Deine Aktionen stärken Dein Zutrauen, was wieder Deine Aktionen stärkt und wieder zu mehr Zutrauen führt. Das führt zu immer besseren Resultaten. Das Gegenteil trifft aber auch zu. Wenn Du nicht aktiv bist, hast Du ein schlechtes Gewissen. Dadurch sinkt Dein Selbstvertrauen, und das führt zu weniger Aktion. Weniger Aktion, bringt weniger Resultate, was wiederum das Selbstvertrauen schwächt und zu noch weniger Resultaten führt. Alles beginnt mit einer Entscheidung. Je mehr Du tust, desto besser fühlst Du Dich und desto erfolgreicher bist Du, was wieder zu mehr Aktionen führt. Bewege Dich vorwärts in der Motivationsspirale und halte nicht an.

Momentum erzeugen mit der Erfolgsspirale

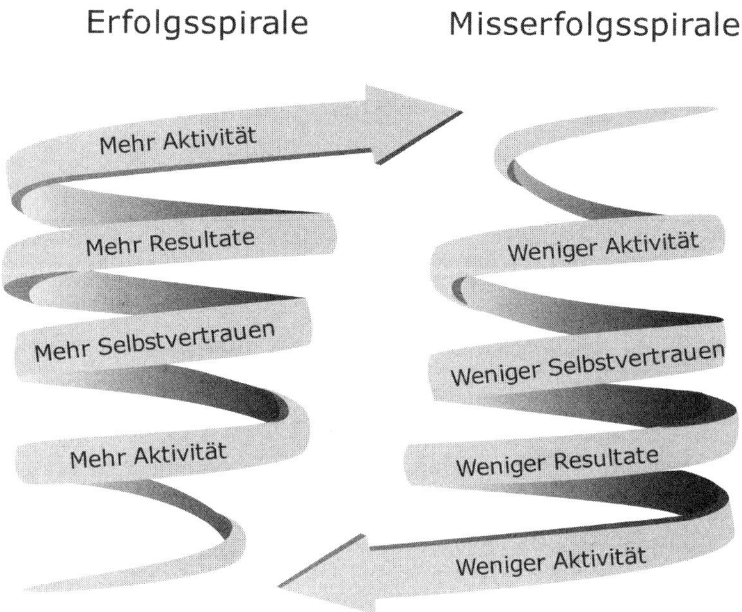

Mit Beispiel vorangehen

Oft begegnet uns das Konzept “Führen durch Vorbild” im beruflichen Kontext. Ich möchte dies hier jedoch noch weiter fassen und auch für das alltägliche Leben anwenden. Sieh es einmal so: Immer wenn Du Deine Meinung zu etwas kundtust, fragt sich Dein Gegenüber unbewusst „warum er Dir zuhören sollte?“ Der andere versucht, Deine Glaubwürdigkeit in diesem Bereich zu bewerten. Diese wird dabei nicht nur dadurch bestimmt, wie gut Du in diesem Moment Deinen Standpunkt vertreten kannst. Dies spielt natürlich eine Rolle, aber hinzu kommt noch die Summe aller Erfahrungen und Eindrücke, die Dein Gesprächspartner (unbewusst) von Dir gesammelt hat. Somit gilt:

*„Wer Du **bist**, spricht viel lauter, als das was Du **sagst**“. Dies gilt für alle Bereiche.*

Das Unternehmenskonzept, mit dem ich arbeite, trägt zu einem besseren und erfüllteren Leben in drei Bereichen bei: Gesundheit, finanzielle Situation und Gemeinschaft. In jedem dieser Bereiche muss eine Glaubwürdigkeit zunächst separat erworben werden. Menschen beobachten Dein Verhalten in den Bereichen, über die Du mit jemandem sprichst. Deshalb solltest Du auch selbst praktizieren, worüber Du sprichst, bzw. was Du anbietest. Wenn Du erst dann über Deine eigene Vorbildfunktion nachdenkst, wenn Du mit jemandem über Dein Angebot sprichst, ist es zu spät. Du musst also schon dabei sein, selbst diese Dinge umzusetzen, damit Du authentisch sein kannst in dem, was Du sagst.

Was ist nun, wenn Du selbst kein besonderes Vorbild in diesen Dingen bist? Kannst Du dann trotzdem das Geschäft aufbauen? Ja. Was zählt ist, dass Du Dich auf den Weg begeben hast. Erzähle, was Du machst und inwiefern es eine positive Wirkung auf Dich hat. Mache Dir bewusst, dass wenn Dein Gesprächspartner „noch nicht" sagt, er Dich weiterhin beobachtet, um zu sehen, wie authentisch es war, was Du gesagt hast. In dem Maße, in dem Du auf Deiner „Reise" voranschreitest, wirst Du durch Deine Entwicklung mehr und mehr zu einem Vorbild werden. Was bedeutet dies im Hinblick auf Dein Umfeld? Hier kann man auf viele Arten wirken: Andere Menschen gut behandeln, positive Dinge tun innerhalb des eigenen Umfelds, Verbindungen aufbauen zu offenen und positiven Menschen (die sich von unserem Geschäftsmodell angezogen fühlen) und lernen, bessere Beziehungen in allen Bereichen aufzubauen.

„Führen durch Vorbild" hängt auch mit der „Methode" zusammen, denn die zugrundeliegenden Verhaltensregeln sind Freundlichkeit, Ehrlichkeit und Respekt. Wenn Du mit jemandem über Dein Geschäft und die Methode sprichst, „scannt" der andere Dich, ob Du dies auch verkörperst. Ab diesem Zeitpunkt wird er das dauerhaft tun. Je mehr Du das verkörperst, desto attraktiver wird er das Geschäft finden.

Ein weiteres Beispiel ist der Bereich Geld. Es ist nicht wichtig, wie erfolgreich Du in diesem Bereich schon bist, sondern dass Du einen Weg gefunden hast und fleißig jeden Tag daran arbeitest. Du bist Vorbild durch Deine Taten. Für einen Interessenten ist der größte Glaubwürdigkeitsfaktor, ob Du wirklich tust, was Du sagst. Allein aus diesem Grund werden einige beim Erstkontakt „Noch nicht“ sagen. Sie wollen erst sehen, ob auch Du es wirklich ernst meinst. Wenn Du diese Personen nach sechs Monaten wieder kontaktierst, dann bist Du in ihren Augen noch glaubwürdiger geworden.

Die Fähigkeit, gut mit Menschen umzugehen

Da die Methode einfach eine fortlaufende Kommunikation ist, wächst die Effektivität natürlich entscheidend mit der Verbesserung der Kommunikationsfähigkeiten bzw. der Fähigkeit, gut mit anderen umzugehen, vorausgesetzt Du stellst die Bedürfnisse des anderen in den Vordergrund. Die meisten Menschen entwickeln eine eigene Art zu kommunizieren, die vom Persönlichkeitstyp und dem Umfeld, in dem sie aufwuchsen, abhängt. Wenn Du zu den Glücklichen gehörst, die in einem Umfeld mit guter Kommunikation aufwuchsen, dann ist es wahrscheinlich, dass Deine Fähigkeiten in diesem Bereich ebenso gut sind. Die meisten Menschen hatten nicht dieses Glück. Solche Fähigkeiten (people skills) werden nicht oder nur wenig in der Schule gelehrt.

Die beiden wichtigsten Fähigkeiten aus diesem Bereich sind Zuhören und Fragen stellen. Zuhören ist davon die wichtigste.

Der Gehörsinn ist uns in die Wiege gelegt worden, aber richtig Zuhören können ist eine Fähigkeit, die erst erlernt werden muss.

Es braucht einiges an Training und an Verständnis, worauf es ankommt. Allein diese eine Fähigkeit kann Deine Erfolge im Sponsern – mehr als alles andere – vervielfachen. Dieser Fähigkeit schreibe ich auch meinen persönlichen Erfolg zu. Aufgrund meiner Schüchternheit gab es für mich jedoch zunächst keinen Grund, daran zu arbeiten. Dadurch war es sowieso einfacher für mich, die Aufmerksamkeit in einem Gespräch auf den anderen zurück zu lenken. Ich entdeckte mit der Zeit, dass Menschen froh sind, wenn sie mal erzählen können und ihnen jemand wirklich zuhört, denn daran mangelt es in der heutigen Welt. Je mehr Du jemand anderem zuhörst, desto mehr entsteht Vertrauen und andere sind gerne mit Dir in Gesellschaft. Jeder sollte mehr über gutes Zuhören lernen, denn in diesem Bereich kann jeder profitieren.

Fragen stellen ist die nächste wichtige Fähigkeit. Im natürlichen Gesprächsablauf folgt auf das Zuhören eine gute Frage. Bezogen auf „die Methode“ haben wir festgestellt, dass der Bedarf an dem, was wir anbieten, groß ist. Es ist einfach, die Vorzüge Deines Angebots zu schildern, *nachdem* Du gut zugehört hast und demjenigen Fragen gestellt hast, um seine persönlichen Bedürfnisse zu entdecken. Werde ein Meister im Stellen der richtigen Fragen zur richtigen Zeit. Wenn Du möchtest, dass jemand frei erzählt, dann stelle *offene Fragen*. Wenn Du ein Ja oder

Nein haben möchtest, dann stelle eine *geschlossene Frage.* Auch hier macht Übung den Meister.

Zwischenmenschliche Kommunikation ist ein zu großes Thema für dieses Buch. Es beinhaltet viel mehr als Zuhören und Fragen stellen, obwohl schon diese beiden sehr umfangreich sind.

Das Buch "Die Methode" richtig einsetzen

Im Kapitel über Tools habe ich schon erwähnt, dass das Buch „Die Methode" ein hervorragendes Werkzeug ist. Hier möchte ich alle Möglichkeiten aufzeigen, wie ich es einsetze.

Information – Wenn Menschen wirklich verstehen, wie fair das Empfehlungsmarketing ist und wie einfach man es aufbauen kann, dann würden sie starten (vorausgesetzt sie möchten gerne ein zusätzliches Einkommen aufbauen). Jeder, der offen ist, mehr erfahren zu wollen, erhält von mir zusätzlich zu den Geschäftsinformationsbroschüren der Firma ein Buch „Die Methode". Das ermöglicht dieser Person, zu dem Schluss zu kommen, dass sie es wirklich tun *kann*, ohne dass ich sie davon überzeugen müsste. Es räumt auch auf mit vorgefertigten Meinungen über „solch ein Geschäft". Viele wurden früher schon einmal auf ein Homebusiness angesprochen, sind eingestiegen und haben dann wieder (manchmal enttäuscht) aufgehört.

Mit diesen Erfahrungen im Hinterkopf betrachten sie auch Dein Business. Sie werden denken, dass es das gleiche ist, wie alle anderen. Wenn diese Person dann das Buch liest, wird sie große Unterschiede entdecken. Du tust Deinen Interessenten einen Gefallen, wenn Du ihnen das Buch gibst, denn Du bewahrst sie davor, eine Entscheidung aufgrund falscher Informationen zu treffen! Wenn sie nach dem Lesen des Buches „nein“ zu Deinem Geschäft sagen, dann wissen sie zumindest, *wozu* sie „nein“ sagen. Ich lasse immer mehrere Methode-Bücher gleichzeitig für mich *arbeiten*.

Follow-up – Darüber hinaus kommt es häufig vor, dass ich jemanden kontaktiere und dieser Interesse zeigt und wir uns treffen oder telefonieren. Derjenige ist sehr interessiert, aber noch nicht bereit, eine Entscheidung zu treffen. Der nächste Schritt im Informationsprozess ist dann, dass derjenige das Buch "Die Methode" liest. Das wird denjenigen bestärken, in dem was ich ihm erklärt habe, nämlich wie einfach das Prinzip ist; zu verstehen, wie er es auch aufbauen kann und ihm erleichtern, eine Entscheidung zu treffen.

Training – Wenn der Interessent sich entscheidet, nicht einzusteigen, dann bitte ich ihn um Rückgabe des Buches, so dass ich es jemand anderem geben kann. Wenn er sich aber dafür entscheidet, dann überlasse ich ihm das Buch als Trainingsleitfaden. Jeder kann das Buch erstmalig in weniger als einer Stunde lesen. Für eine Vertiefung des Wissens sollte das Buch mehrfach gelesen werden, denn jedes Kapitel enthält kleine

Erfolgsschätze. Wenn ich einem neuen Partner die ersten Schritte beibringe, halte ich mich einfach an die „Methode". Ich helfe ihm dabei, eine einfache Kontaktansprache zu entwickeln, so dass er gleich loslegen kann, andere anzusprechen. Ich bestärke den neuen Partner, dass seine Geschichte gut ist, wie sie ist und sage ihm, wie und wann er sie am besten erzählen kann. Ich mache ihm im Nachhinein noch einmal bewusst, welche Schritte ich mit ihm gegangen bin, so dass er dadurch lernen kann, es selbst genauso zu tun. Natürlich lasse ich ihn auch wissen, dass ich ihm weiterhin bei allen Schritten zur Seite stehe.

Bestärkung dabeizubleiben – Die Personen, die das Buch bereits gelesen haben, bevor sie eingestiegen sind, haben eine sehr konkrete Vorstellung von diesem Geschäft. Es ist ein attraktives Geschäft, welches auf den richtigen Prinzipien und Ethik aufgebaut ist. Ich habe beobachtet, dass von den Geschäftspartnern, die das Buch gelesen haben, die Quote des Dabeibleibens viel höher ist, weil sie die Klarheit und Qualität dieses Geschäfts besser verstehen.

Wie schon erwähnt, lasse ich immer mehrere Bücher *zirkulieren*. Das erspart mir Zeit und hilft, ein gutes Bild vom Empfehlungsmarketing allgemein zu verbreiten. Wenn Du kontinuierlich Kontakte machst, solltest Du mindestens 10 „Die Methode"- Bücher im Umlauf haben. Sie werden Deinen Erfolg beim Sponsern verbessern; die Quote der Partner, die dauerhaft dabei bleiben, erhöhen und dafür sorgen, dass Deine neuen Partner schneller aktiv mitmachen.

Die technischen Möglichkeiten sind heutzutage überwältigend, aber...

Beziehungen sind das A und O. Dank des Internets und der Smartphones war es nie einfacher, mit anderen zu kommunizieren als heute. Trotzdem dürfen wir nicht vergessen, dass der zwischenmenschliche Kontakt nie durch Technologie ersetzt werden kann. Die besten Empfehlungsmarketer nutzen Technologie, wo immer es möglich und angebracht ist, aber der persönliche Kontakt bleibt das Fundament. Sieh es einmal so: Der schnellste Weg, einen tiefen Kontakt zu erschaffen, ist von Angesicht zu Angesicht, denn dabei sind alle Sinne involviert. Je weniger Sinne bei einem Kontakt involviert sind, desto weniger tief ist die Wirkung. Ein persönliches Treffen ist besser als ein Skype-Meeting. Ein Skype-Meeting (mit Video) ist besser als ein Telefonat. Ein Telefonat ist besser als ein Brief. Ein Brief ist besser als eine Email. Eine persönliche Email ist besser als eine Rundmail. Das ist zwar nur meine Meinung, aber ich denke, es kommt der Wahrheit nahe. Natürlich gibt es noch mehr Technologien, wie z.B. soziale Medien oder andere visuelle Medien. Sie alle haben ihre Berechtigung – aber nicht als isolierte, ausschließliche Methode zum Aufbau des Geschäfts und von Beziehungen. Die Tatsache, dass Du auf Facebook mit jemandem befreundet bist, heißt noch lange nicht, dass ihr es im eigentlichen Sinne des Wortes auch seid. Deine wichtigsten Beziehungen brauchen den meisten persönlichen Kontakt auf regelmäßiger Basis, egal ob im Empfehlungsmarketing oder anderswo. Nutze

Technologien, um Deine Effektivität zu steigern, aber baue nicht allein darauf Deine Beziehungen auf.

Schlussbemerkungen

Wie alles Wertvolle im Leben braucht es Zeit, bis Du mit Empfehlungsmarketing ein großes Einkommen aufgebaut hast. Wie lange wird es dauern? Das kann ich nicht beantworten. Es hängt von vielen Faktoren ab: Wie hoch ist Dein Wunscheinkommen; wie viel Zeit kannst Du jeden Tag dafür einsetzen; was ist sonst so los in Deinem Leben; welche anderen Prioritäten hast Du; an welchem Punkt stehst Du mit Deinem Persönlichkeitswachstum. Das sind sicher nur einige der maßgebenden Faktoren. Aber die wichtigste Antwort darauf ist:

Dein Erfolg ist nicht eine Frage des „ob“, sondern des „wann“.

Arbeite beharrlich an Deinem Erfolg, hör niemals auf, kontinuierlich an Deinem Geschäft zu arbeiten, und der Erfolg wird sich einstellen. Der Schlüssel ist, den Fokus zu behalten. Das Leben wird immer neue Herausforderungen mit sich bringen. Einer der wunderbaren Vorteile des Empfehlungsmarketing gegenüber fast allen anderen Arten von Geschäften ist, dass Du es ohne Druck aufbauen kannst.

Das kann jedoch auch ein Nachteil sein, wenn Du es dadurch zu locker angehst. Arbeite immer auf Deine großen Ziele hin, aber mach Dir bewusst, dass sich das große Bild aus tausenden kleiner Bausteine zusammensetzt, die Du täglich umsetzt. Denke nie, der heutige Tag spielt keine Rolle. Er spielt eine Rolle.

Das Leben besteht aus allen „Heutes" aneinandergereiht.
Morgen ist noch nicht und gestern ist schon vorbei.

Konzentriere Dich darauf, heute Deine Aufgaben anzugehen und mache das jeden Tag.

Schaffe die Disziplin, jeden Tag an Deinem Geschäft zu arbeiten und vertraue der „Methode". Sei geduldig mit Dir selbst, mit Deinem Persönlichkeitswachstum und Deinem Geschäftswachstum. Konzentriere Dich darauf, diese Möglichkeit so vielen Menschen wie möglich vorzustellen und betreue diejenigen, die mit Dir auf diese Reise gehen. Dann kannst Du in ungeahnte Höhen aufsteigen.

Die Methode (Teil 1) und andere Sprachen:

DIE METHODE – Einfach und mit Spaß ein Einkommen für das ganze Leben aufbauen (Deutsche Version)

THE PROCESS – The fun and easy way to build an income stream for life (Englische Version)

DE METHODE – Hoe je op een leuke en eenvoudige manier een inkomen voor het leven kunt opbouwen (Niederländische Version)

IL PROCESSO – Un modo divertente e semplice per creare una fonte di guadagno per tutta la vita (Italienische Version)

Todd live auf CD und DVD

Erfolgreich mit Empfehlungs-marketing (Audio-CD)

Todds beliebter Live-Vortrag

Mit 28 min. Bonustrack: Richtig Zuhören als Erfolgsfaktor

Todd live in Berlin – Mai 2012 (Audio-CD)

Viele Tipps Praxis-Tipps, u.a. richtige Kommunikation, Umgang mit Frustration, Zeiteinteilung, Momentum, andere ermutigen u.v.m.

Basisaktivitäten und Leadership-Fähigkeiten für den Erfolg im Empfehlungs-marketing (DVD)

Inhalt u.a.: Die Namensliste als Zielscheibe, Kontaktverwaltung mit 4 Ordnern, Aktivitäts-Ziele, Führen durch Vorbild, Wie baut sich Glaubwürdigkeit auf, Die Fünf Gruppen von Interessenten

Sechs grundlegende Entscheidungen zum Erfolg – Entfalten Sie Ihr volles Potential im Beruf und im ganzen Leben (Audio CD)

„Sechs grundlegende Entscheidungen zum Erfolg" ist eine inspirierende Anleitung für jeden, der mehr im Leben erreichen möchte. Es ist wirklich möglich, Erfolg zu „wählen"! Auf dem Weg zu großartigen Leistungen stehen Schritte wie Zielsetzung und Planung, Durchführung und Beharrlichkeit. Was auch immer Sie erreichen möchten, Sie werden Herausforderungen und Probleme meistern müssen. Je größer Ihr Ziel ist, desto größer werden auch die Herausforderungen und die Hürden sein. Ob Sie am Ende als Sieger dastehen, hängt grundlegend von den Entscheidungen ab, die Sie auf Ihrem Weg treffen. Jeder kann erfolgreich sein. Folgen Sie diesen fundamentalen Erfolgsgesetzen und würdigen Sie jeden einzelnen erfolgreichen Schritt.

Hörprobe: http://www.youtube.com/user/BalanceTools

6 Decisions for Success - An audio guide for achieving excellence in work and life (englische Version)